护肤　化妆　发型　美甲　穿搭　塑身图解宝典

尚美文创◎著

人民邮电出版社
北京

图书在版编目（CIP）数据

女神修炼手册：护肤 化妆 发型 美甲 穿搭 塑身图解宝典 / 尚美文创著. -- 北京：人民邮电出版社，2017.5
ISBN 978-7-115-45311-2

Ⅰ. ①女… Ⅱ. ①尚… Ⅲ. ①美容－图解②服饰美学－图解③形体－健身运动－图解 Ⅳ. ①TS974-64 ②TS941.11-64③G831.3-64

中国版本图书馆CIP数据核字(2017)第054949号

内容提要

本书涵盖了女性会遇到的几乎所有的形象设计问题，包括护肤、化妆、发型、美甲、塑身、穿搭等方方面面。根据全球美容趋势，为读者设计出完美的学习方案和学习曲线。所有的技法步骤全部采用高清分解步骤图讲解，每张图片的细节都纤毫毕现，让你一学就会，帮你全方位打造时尚女神形象。本书采用全外景拍摄，图片精美，内容丰富，是每个女人都想拥有的形象设计圣经。

◆ 著　　　尚美文创
　责任编辑　孔　希
　责任印制　周昇亮
◆ 人民邮电出版社出版发行　　北京市丰台区成寿寺路 11 号
　邮编　100164　　电子邮件　315@ptpress.com.cn
　网址　http://www.ptpress.com.cn
　北京方嘉彩色印刷有限责任公司印刷
◆ 开本：700×1000　1/16
　印张：18　　　　2017 年 5 月第 1 版
　字数：240 千字　　2017 年 5 月北京第 1 次印刷

定价：49.80 元

读者服务热线：(010)81055296　印装质量热线：(010)81055316
反盗版热线：(010)81055315
广告经营许可证：京东工商广字第 8052 号

前言

这是一本内容全面的美容书！

女生都有一个梦想，希望能有一本“美容圣经”，而本书就是女生们梦寐以求的美容圣经。凡是关于美容的问题，在这本宝典里都能找到答案。本书涵盖了女生最关心的护肤、彩妆、发型、美甲、穿搭、丰胸、减肥等问题的方方面面。只要一本书就能解决你所有扮靓的问题，让你一书在手，轻松实现从头到脚变美丽的梦想。

这是一本形象美丽的美容书！

选购美容书有一个诀窍，就是看看这本书本身是否足够漂亮。如果书中的模特化妆后还没有自己好看，如果翻开这本书没有令人赏心悦目的感觉，那么如何能让人相信这是一本可以让自己变美丽的书？既然是追求美的事业，当然要把美观做到极致。本书力求做到令读者爱不释手，所以制作团队会为了一个细微的色差而反复选择口红的色号，会为了表达一个细微的眼神而反复尝试各种眉形……记住了，选择教你变美丽的图书的标准就是：这本书一定也要“长得”足够美丽。

这是一本大投资的美容书！

是不是买过不少粗制滥造的美容书，看起来总觉得不过瘾？是不是想要买一本好莱坞制作级别的美容书，而市面上却难觅踪影？是不是买过图片质量惨不忍睹的美容书？我们相信每个女孩都有一颗爱美的心，所以才会对美有执着的追求，也因此才有了这本不计成本的美容书。本书的摄影团队采用了全外景拍摄，辗转多地；数十人的创作团队、上百套的服饰单品，以及不计其数的各种修改，只为呈现一本只要翻开就不忍放下的美容书，无愧“优秀的美容书”之称号。

这是一本由专业美容图书团队打造的美容书！

本书由摩天文传的专业美容时尚图书创作团队尚美文创打造。这支团队有资深的美容编辑，时刻关注全球最新美容资讯，做了大量的关于女性读者对美容知识需求的普遍性调查。由团队成员共同研发了具有普遍适用性的美容教程，并给读者设计出完美的学习方案和学习曲线。所有的化妆步骤全部采用高清分解步骤图讲解，每张图片的细节都纤毫毕现，让你一上手就能攻克各种美容问题，从头到脚实现美丽蜕变！

美丽其实很简单，无非花点心思让
自己变得精致一些，每天给自己一点小小
的改变。比如，让皮肤变得更好、化一个淡
妆、做一款新发型、自己动手画一款美甲、
搭配一套心仪的服饰、通过锻炼让身材
变得更完美，这些都会让你向美丽
又迈进一步。

Contents

Part1 基础护肤 完美肌肤来自细心呵护的每一天

Part 2 肌肤问题 拔掉肌肤问题“钉子户”

Part 3 防晒护肤 帮助肌肤告别“老”和“黑”的万能钥匙

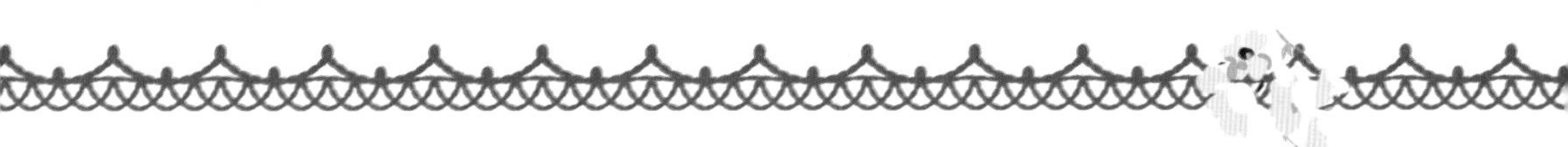

Chapter 2 彩妆篇

Part 1 认识工具 那些让我们变美的“魔法棒”

Part 2 妆前打底 塑造会呼吸的零负担底妆

Part 3 重点讲习 打造让每个人都过眼难忘的精致五官

Contents

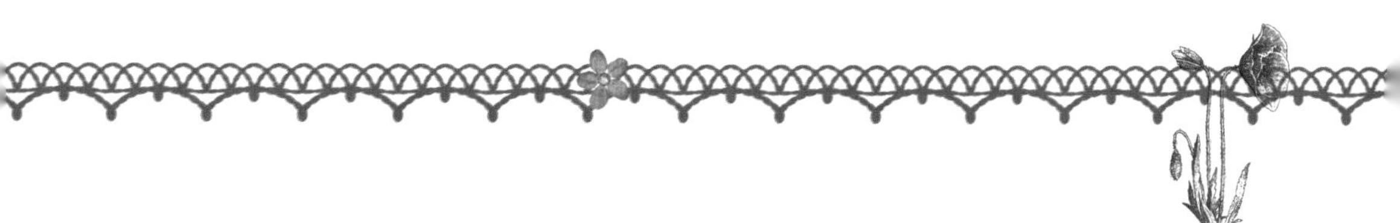

Contents

Part 1 修甲基础 打理素雅双手的基本技巧

Part 2 美甲范本 发挥小小甲片的无限可能

Part1 风格辞典　百变穿搭，轻松驾驭不同风格

Part 2 搭配学堂　突出身材优势的智慧穿搭法

Part 3 活用单品　提升热门单品的百搭可能

Contents

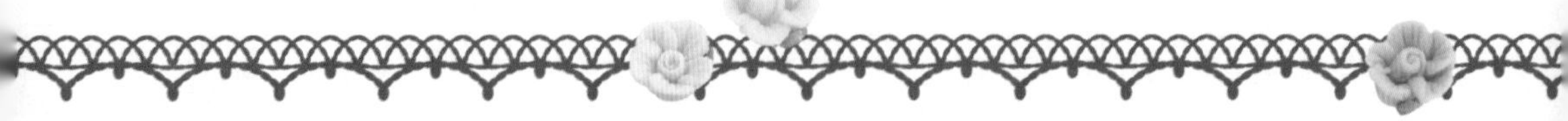

Chapter 7

减肥篇

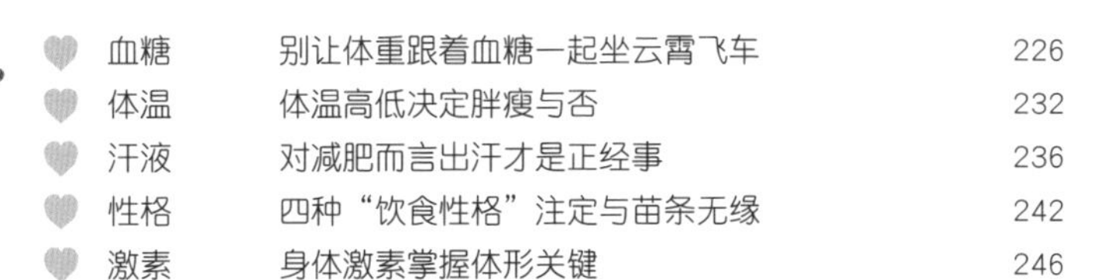

Part1 减肥知识 了解与肥胖息息相关的因素

Part 2 减肥利器 认识最新潮的减肥辅助产品

Part 3 实用减肥操 达到立竿见影的减肥效果

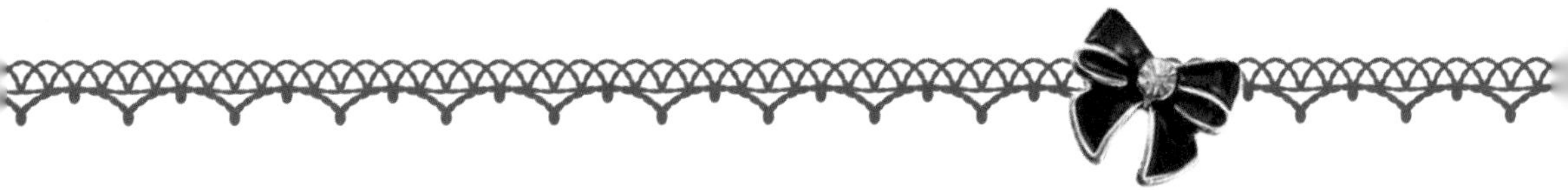

Chapter 1 护肤篇

每个女孩都应该爱惜和呵护自己的肌肤，因为它是美丽人生的第一“荧幕”。从清洁到保养，从细小斑点的改善到肤色的调整，都需要细心的呵护和照料，这样才能够拥有完美肌肤。时间的痕迹最容易停留在肌肤上，做好“表面功夫”才能成就全能美人！

Part 1 基础护肤

完美肌肤来自细心呵护的每一天

洁面 产品的选择和使用方法

洗脸小帮手

神奇魔芋洗颜棉

工具功能：由纯天然的野生魔芋制成，敏感皮肤也可以放心使用，可以直接用它清洁面部，也能将洗面奶打出丰富泡沫，洗净能力超强。

使用心得：先将洗颜棉放在水中，等其变软之后再使用。配合洗面奶，只用平时三分之一的量，就可以打出丰富细腻的泡沫。

深层洁面刷

工具功能：刷毛柔软，洗脸时轻轻按摩脸部，能有效除去黑头、多余油脂。清洁效果极佳，适用于除敏感肌肤之外的任何肤质。

使用心得：涂抹洗面奶后，用清洁刷在面部打圈按摩，促进面部的血液循环。注意不要上下来回刷，且不能太用力，以防皮肤表面受损而导致敏感。

正确的洗脸手法

用双手将洁面产品打出丰富的泡沫，也可以用打泡网让泡沫更加细腻。

然后将泡沫均匀地涂抹在额头、脸颊、鼻尖和下巴等位置。

用中指和无名指将泡沫在额头的位置轻轻推开，并轻轻揉搓。

鼻翼的部位用手指上下抹开，同样轻轻地揉搓，特别是鼻头部位。

脸颊采用打圈的方式进行清洁，用指尖的力量轻轻揉搓。

在清洗眼部的时候，将手比成剪刀形，横向轻轻地揉搓清洗。

最后还要清洁唇部周围的肌肤，同样以剪刀手形横向清洗。

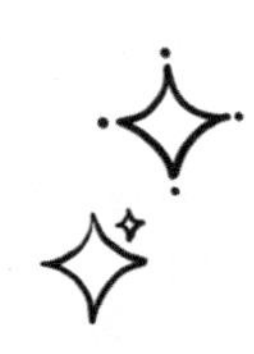

TIPS 1：选择适合自己肤质的洁面产品，将双手清洗干净后，再开始清洁面部。

TIPS 2：用温水洗脸能够保护肌肤，同时能更有效地清除肌肤污垢。

TIPS 3：在肌肤容易油腻的夏季，可以早晚各进行一次洁面工作。

化妆水

化妆水的种类很多，包括柔肤水、爽肤水等。洁面后，化妆水能够迅速为肌肤补充第一道水分。根据自己的肤质以及气候环境的变换，选择一款适合自己的化妆水，能够帮助肌肤平衡水油，补充水分。

补水啫喱

啫喱最大的特点就是拥有超强的渗透力，能够将营养成分送达肌肤内里。因此，补水啫喱能够让水分更好地深入肌肤，非常适合干性肌肤的人群使用。油性肌肤者，在选择补水啫喱的时候，要选择质地比较轻薄的产品，否则容易产生黏腻感。

润肤乳、霜

润肤乳、霜是肌肤后续锁水的必备产品，它们能够形成保护膜，有效防止肌肤水分的流失，同时保持肌肤的水润状态。根据肤质状况选择合适的润肤乳、霜，早晚配合使用，能够更好地为干燥肌肤补充水分。

补水精华

高度浓缩的补水精华能给肌肤带来丰富的营养，同时为肌肤补充水分，并修复一些肌肤问题，例如细纹、暗黄等。补水精华作为高浓缩的护肤品，并不需要每天使用，而是需要根据肌肤状况适当使用。

补水面膜

补水面膜能够最快速地为肌肤补充水分，恢复肌肤光泽。需要注意的是，使用补水面膜之后，一定要进行后续的补水工作，因为补水面膜的功效只能维持非常短的时间。除了购买补水面膜产品，也可以 DIY 蔬果补水面膜，效果同样甚佳。

护肤品的补水保湿成分大解析

护肤品中含有各种各样的保湿成分，在购买之前认真阅读成分表，就能够挑选出理想的护肤品，给肌肤更加细致的养护。

成分名称	成分简说
甘油	甘油是最普通的保湿剂，适用于各类肤质且不会引起不适。但除了保湿功效外，甘油没有其他积极的护肤功效，只能作用于角质层，维持水合状态
天然保湿因子	这种成分主要由氨基酸、乳酸钠等组成，其优点在于吸湿性好、亲肤性好，可以调节皮肤的酸碱值，还可以维持角质细胞的正常生长
透明质酸	透明质酸又称为玻尿酸，这种物质是人体真皮层中重要的黏液质，可以吸收数百倍于自身重量的水分，被誉为“最佳保湿剂”
水解胶原蛋白	水解胶原蛋白作为保湿剂而言，其效果并不突出，但它却有改善肤质的作用。弹力蛋白、丝蛋白、燕麦蛋白等都属于水解蛋白
维生素 B_5	维生素 B_5 属于渗透性保湿剂，除了保湿外，还可以促进纤维芽细胞增殖，协助皮肤组织的修复，对于疤痕的愈合非常有效
氨基酸	氨基酸不如其他保湿剂具有高效的吸水性，但对水分有调节作用，如果角质层中的水分含量减少，氨基酸含量会同时降低
荷荷巴油	不同于一般动植物油，结构上无不饱和脂肪酸。荷荷巴油清爽不黏腻、无味无臭，渗透力、亲肤性都很好，保水力可以长达 8 小时
小麦胚芽	含有维生素 A、维生素 E，其中含有的油酸可软化皮肤，含有的亚麻仁油酸可修护角质。但是加在面霜里会产生一定的黏腻感
鳄梨油	鳄梨油除了含有不饱和脂肪酸，还含有维生素 A、B 族维生素、维生素 C、维生素 D、维生素 E，属于滋润度极佳的营养油，黏稠，色泽呈黄或墨绿色

保湿　水嫩美人必须遵循的早晚保湿术

早晚保湿工作做足，才能让肌肤得到全天候的呵护，才能锁住肌肤水分，让肌肤维持一整天的好状态。需要注意的是，早晚保湿工作各不同，需要细心养护肌肤。

晨起要做的保湿功课

TIPS 1：早上起来，空腹喝一杯蜂蜜水，唤醒沉睡肌肤，同时为肌肤补充水分。

TIPS 2：易出油的肌肤，早上也要使用洁面产品进行清洗，并及时使用补水护肤品。

TIPS 3：早上起床后，肌肤若是干燥，可以将精油滴在湿热的毛巾上，对肌肤进行热敷。

TIPS 4：选择具有保湿功能的洁面产品，以及补水保湿类型的护肤品。

睡前把握最佳补水时机

TIPS 1：要将面部的彩妆卸除干净，同时注意清理眼部和发际线的残妆。

TIPS 2：定期进行适当的去角质工作，清除肌肤陈旧、老化的角质，促进水分补充。

TIPS 3：如果肌肤非常干燥，可以配合按摩精油，对面部进行按摩舒缓。

TIPS 4：具有补水保湿作用的晚霜，是干燥肌肤的夜间营养餐，能够有效为肌肤补水。

TIPS 5：敷睡眠面膜也是给肌肤补水的有效途径，能促进肌肤在夜间进行更好的修复。

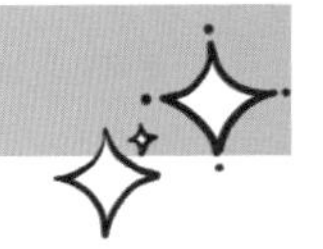

美白成分不得不知

维生素 C（Vitamin C）

维生素 C 是最早用在美白产品中、有代表性的添加剂之一。它的安全性很好，但稳定性比较差，如果不加保护，在膏霜中会很快失去活性。为了稳定它，人们想出了各种办法，如利用橙肉中的果胶保持天然活性，直到涂敷到皮肤上时，果胶被破坏才被释放出来。

甘草、桑树提取物（Licorice Roots Northwest Origin）

甘草提取物从甘草的根中提取而来，一般添加在日晒后的护理产品中，用来消除强烈日晒后皮肤上的细微炎症，安全性很好。桑树提取物是由法国人开发出来的最新美白成分，作用温和有效。

杜鹃花酸（Nonanedioic Acid）

这是白桦树中的一种特殊成分，因为它同时存在于杜鹃花中，所以将它命名为“杜鹃花酸”。这种成分对黑色素合成的阻碍比熊果苷更强，而且它对各种类型的斑点，像黄褐斑、老年色斑、面部色斑等都有效，对夏天常见的因紫外线照射而形成的色素沉着，也有明显的抑制作用。

果酸（AHAs）

提炼自水果的一种酸，其中又以提炼自甘蔗的甘醇酸效果最佳，目前常被使用。其作用在于去除过度角化的角质层后，刺激新细胞的生长，同时有助于去除脸部细纹，淡化表皮色素，使皮肤变得更柔软、白皙、光滑，且富有弹性。

熊果苷（Arbutin）

熊果苷又叫杨梅苷、熊葡萄叶素，是一种从植物中提取的成分。在不影响细胞增殖的浓度下，熊果苷可以有效减少黑色素的形成，它的安全性比较高。资生堂早在 1990 年就推出了熊果苷美容液。有人称，21 世纪将是熊果苷的世纪。

芦荟（Aloe）

芦荟用在美白产品中，是因为它对晒后的皮肤有很好的护理作用，可以减轻紫外线刺激而带来的皮肤黑化。芦荟是 20 世纪 90 年代被发掘出的令人惊喜的美容植物，几乎是全能的——可以保湿、防晒、祛斑、除皱、美白、防衰老，甚至护发。

去角质　去除废旧角质，更新肌肤状态

废旧的角质层会阻碍肌肤的健康呼吸，同时也会影响护肤品的营养进入肌肤，因此要定期进行角质层的清理，让肌肤净透清洁。

去角质秘籍

◎去角质秘籍一：磨砂膏效果强

如果你的角质层非常厚、毛孔非常粗大，去角质自然是用磨砂膏比较好。不过选用哪种产品去角质，最好还是根据皮肤状况来决定。

◎去角质秘籍二：凝胶和酵素效果温和

如果你的皮肤敏感又容易破皮，说明你的皮肤比较细薄，用磨砂式的去角质产品反而容易囤积黑色素，达到相反的效果。建议你用酵素性的面膜凝胶来敷脸，温和地去角质。

◎去角质秘籍三：轻轻去掉嘴角、鼻翼角质

有些人的鼻翼、嘴角容易囤积黑色素，这代表你的皮肤上的这些地方其实很敏感。如果因为它黑，你又拼命去搓它，它会变得更黑。消除这些部位的角质的最好方法，就是敷脸。

◎去角质秘籍四：果酸产品小心用

市面上有很多含有果酸成分的去角质用品，但果酸成分效果强烈，比较适合男生。一般女生，尤其是常常洗脸的女生，用果酸产品时若没有拿捏好，可能会过度刺激皮肤。所以，一般在角质层真的很厚时才能使用果酸产品。

滋润　给肌肤补充恰到好处的油分

除了水、乳、霜之外，精油也是为肌肤补水的滋润秘方，它能够让肌肤得到更全面的养护，为肌肤提供更加细腻的水分子。

揭穿精油护肤的三大误区

误区一：精油可以加入面霜中使用

正解：当你自作主张把精油加入面霜之后，结果只能得到一瓶变质的面霜。因为纯天然的植物精油，遇到化工合成的物质或人工香精后，会产生一定的变化。因此，不能盲目认为，加入精油之后，面霜的补水能力会得到提升。

误区二：精油使用得越多越好

正解：有人认为精油使用越多，肌肤就能够吸收更多的营养，其实不然。精油是精纯提炼的天然物质，由于浓度很高，即便经过稀释，也并不是使用越密集越好，适量使用才能让精油更好地发挥作用。

误区三：DIY 精油更健康

正解：用买到的浓度为 5% 的玫瑰精油直接涂在肌肤上，却引起敏感；使用薰衣草精油想改善睡眠，却因过量使用导致兴奋失眠。精油的应用实际上是芳香疗法的范畴，虽然用于芳香疗法的精油基本上没有绝对的搭配禁忌，但由于精油的调和存在适合与不适合、完美与不完美的问题，所以喜欢 DIY 精油的女生，最好先到专业的芳香疗法机构学习。

Part 2 肌肤问题
拔掉肌肤问题“钉子户”

斑点　斑点形成的原因及祛斑小秘方

斑点形成的原因

很多女性都被面部的斑点所困扰，其实斑点分为不同的类型，形成的原因也是多样的。找到自身斑点形成的原因，才能更有效地进行祛斑。

◎ 内分泌失调；
◎ 缺乏维生素，新陈代谢缓慢；
◎ 精神压力过大，过度疲劳；
◎ 错误地使用化妆品，损坏肌肤；
◎ 肌肤长时间受紫外线照射；
◎ 不良的肌肤清洁习惯；
◎ 遗传因素。

祛斑小秘方

Lesson 1: 每天喝1杯西红柿汁或胡萝卜汁。西红柿中含有丰富的维生素C，被誉为“维生素C仓库”。长期用西红柿食补，可以抑制皮肤内酪氨酸酶的活性，有效减少黑色素的形成。胡萝卜汁含有丰富的维生素A原，维生素A原在体内可转化为维生素A，它对淡化雀斑、防治皮肤粗糙有明显的作用。

Lesson 2: 维生素E可渗透至皮肤内部发挥其润肤作用，还能保持皮肤弹性。但大家可能对维生素E祛斑的功效还不太熟悉。把维生素E胶囊用针戳破，取其内的液体涂抹在黄褐斑上，轻轻揉按5~10分钟，每天2次，持之以恒就会有比较好的美容祛斑效果。

Lesson 3: 草莓和维生素C都有很好的祛斑效果，无论是单独使用还是搭配使用，效果都非常明显。晚上清洁皮肤后，将新鲜的草莓捣碎涂于斑痕处，并加入适量的维生素C液，待15分钟后清洗干净，然后在斑痕处涂抹祛斑精华，再进行基本护肤步骤即可。

Lesson 4: 红糖中含有多种人体必需的氨基酸，以及苹果酸、柠檬酸等合成人体蛋白质的必备元素，能加速新陈代谢，减少斑的形成。红糖可以直接食用，也可以捣碎和蜂蜜混合，做成排毒磨砂膏，祛斑养颜。

痘痘　绝对不“痘留”的逐痘秘诀

痘痘就像定时炸弹，随时都有可能冒出来毁坏肌肤健康，因此需要更细心地呵护、预防和控制痘痘，才能够维持完美的肌肤状态。

如何处理痘痘

天然芦荟敷脸

WHY： 芦荟在中药美容中一直占据重要地位。《本草纲目》中就记载，芦荟有抗菌、修复组织损伤以及保护皮肤等作用。芦荟中含有缓激肽酶、芦荟多糖等绝佳的消炎抗菌成分，能有效抑制痘痘、粉刺的生长，还能提高皮肤的抵抗力。

HOW： 将天然的芦荟捣碎或者榨汁，在晚上洁面后，将其敷在脸上，20 分钟后用清水洗净，脸上红红的痘痘就会明显地变暗，消炎效果非常好。

新鲜土豆片敷脸

WHY： 在中医食谱中，土豆是性平、微凉的食物，有美容、抗衰老、解毒消炎、活血消肿的功效。土豆属于碱性的食物，可以吸收皮肤分泌的过多油分，防止痘痘的产生，还有去痘印、祛斑止痒的功效。

HOW： 将新鲜的土豆洗净去皮，切片，越薄越好，这样它就能贴紧肌肤。洁面后，把土豆片敷在长痘痘的地方，10~15 分钟后取下即可，多次使用之后，你就会发现痘印明显地变淡了。

皱纹　多种皱纹的去除方法

面部的皱纹最容易暴露年龄，想要面容生动不留衰老迹象， 就要肯下功夫，将皱纹抚平，做个光洁亮丽的时光美人。

去除表情纹、缺水纹

脆弱的肌肤容易形成皱纹，适当按摩能够舒展肌肤，减少皱纹。

Step 1：用拇指指腹抵住下巴的肌肤，然后顺势向上推拉，有助于消除颈部皱纹。

Step 2：掌心贴脸，由下向上画大圈，并向耳际轻推，能够为松弛的皮肤带来弹性。

Step 3：手指由嘴唇下方向上滑动，就像是要把嘴角向上拉起，这样能够防止唇周的松弛和细纹的产生。

Step 4：用拇指及食指沿着法令纹由下而上轻柔地捏皮肤表面，重复3~5次。

哪些食物能够让肌肤光滑年轻

富含软骨素的食物：如猪骨汤、牛骨汤、鸡皮、鸡骨汤等，可增强皮肤的弹性。人体内如果缺乏这种软骨素，皮肤即失去了弹性，会出现皱纹。多吃些富含硫酸软骨素的食物，可以使皮肤保持弹性和细腻。

富含核酸的食物：如鱼、虾、牡蛎、蘑菇、银耳、蜂蜜等，可消除老年斑。科学研究发现，补充核酸类食物，既能延缓衰老，又能预防皮肤皱纹的产生。

碱性食物：碱性食物包括绝大部分蔬菜、水果、豆制品和海产品等。研究表明，摄入过量的酸性食物会使血液呈酸性，导致血液里的乳酸、尿酸含量相应增加。这些物质随汗液来到皮肤表面，就会使皮肤变得没有活力，失去弹性，尤其会使面部的皮肤松弛无力，遇到冷风或日光暴晒，容易裂开。多吃些碱性食物，可使血液呈弱碱性，减少乳酸、尿素的含量，减轻对皮肤的侵蚀、损害。

富含胶原蛋白的食物：如猪皮、猪蹄、甲鱼等。据营养学家们分析，100克猪皮中26.4%的蛋白质，为猪肉的2.5倍，而脂肪却只有2.27克，为猪肉的一半。特别是肉皮中的蛋白质，其主要成分是胶原蛋白。这种胶原蛋白具有增加皮肤储水的功能，可以滋润皮肤，保持皮肤组织细胞内外水分的平衡。胶原蛋白是皮肤细胞生长的主要原料，能使人体皮肤变得细腻、白嫩，使皱纹减少或消失，使人显得年轻。

红血丝　找出原因，正确缓解“红脸”

红血丝形成的常见原因

- 家族遗传性质的红血丝；
- 诱发型红血丝；
- 长期使用糖皮质类激素药物；
- 肌肤真皮层受到破坏。

如何缓解红血丝症状

日常护理

◎ 避免过冷的环境与温度的急剧变化，注意皮肤的保湿和保暖工作。在特别干燥和温度较高的室内，如果觉得脸上干就要及时补水，洗脸则以温水为主。不要用粗糙的毛巾擦洗，最好用一些质量比较好的洗脸棉，这样也有利于把洗面奶擦洗干净。

◎ 可以选用一些含洋甘菊成分的护肤品，如植物成分的洋甘菊香熏花水，具有防过敏、舒缓被刺激或敏感皮肤的效果，有必要的话可以选用精油。

◎ 晚上洗过脸后，用针尖刺破维生素E胶丸擦在脸上，然后轻轻按摩直至被皮肤完全吸收，维生素E胶丸用大粒的一颗就可以了，当然也根据各人情况不同而定。

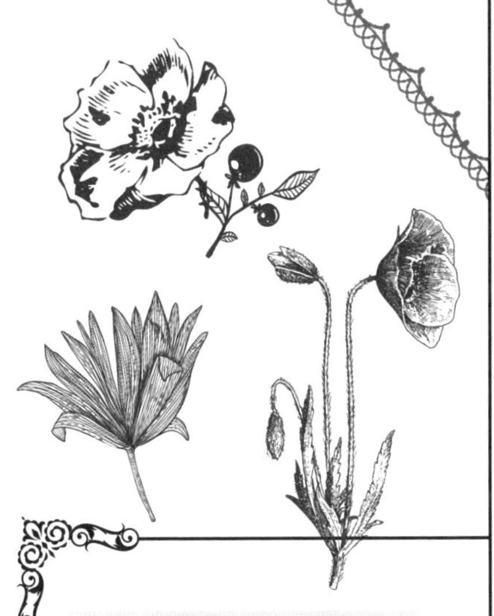

消红 DIY

新鲜芦荟敷脸

材料：芦荟叶1片，蛋清、蜂蜜少许。

做法：将芦荟果肉搅碎与蛋清、蜂蜜混合在一起，就是既便宜又方便的自制面膜。

功效：芦荟有消炎镇定的功能；蛋清可以清热解毒，其中丰富的蛋白质还可以促进皮肤生长；蜂蜜中所含的维生素、葡萄糖、果糖能滋润、美白肌肤，并有杀菌消毒、加速伤口愈合的作用。

粉刺　去除粉刺和黑头的最佳方法

光洁的肌肤怎么能够忍受粉刺的破坏？恼人的"草莓鼻"简直太难看了！这些肌肤问题一定要好好解决掉！

对于轻中度痤疮，如果是以粉刺为主的损害，或者皮肤较为粗厚的痤疮患者，在整个面部（避开眼部）使用维A酸或者阿达帕林凝胶（达芙文）是一个较好的选择。对于丘疹、脓疱型的痤疮，则应在外用维A酸类药物的基础上，在丘疹和脓疱局部应用抗菌药物，如过氧化苯甲酰（班赛）等。

维A酸类药物可以减少皮肤过度角化，去除堵塞于毛孔的角栓，使皮脂排出通畅，同时还有淡化色斑和抗皱的效果，对于各阶段、各类型痤疮都有治疗作用。阿达帕林（达芙文）属于第3代维A酸类，药物的特殊化学结构使之性质非常稳定，光敏性很低，并且能够聚集于毛囊部位，发挥维A酸类药物治疗痤疮的最佳疗效。

去黑计划

辟谣：小苏打可以去黑头

正解：小苏打也被称为碳酸氢钠，在水中溶解后溶液会略带碱性。我们的皮肤是呈弱酸性的，用碱性溶液敷在皮肤上，会破坏皮肤的天然屏障，使皮肤更容易失水干燥。虽然在碱的催化下，黑头油脂确实会水解产生甘油和脂肪酸盐，但这个皂化反应的过程非常慢，而且与碱性强度和温度有很大的关系，在室温和弱碱性条件下几乎不可能完全反应。

如果每周都用小苏打水敷鼻1~2次，黑头不可能越来越少，倒很可能让皮肤变得越来越粗糙、敏感。

结论：谣言破解。小苏打溶液作为一种弱碱性溶液，不能通过酸碱中和或皂化反应来溶解黑头，而且其碱性对皮肤有刺激作用。如果在实验中觉得确实搓下来东西，多半是由于揉搓而脱落的细胞角质。要想去除黑头，一些含水杨酸的产品是比较有效的，或者在注意卫生的情况下将黑头挑出来，但要注意，这些都会在一定程度上刺激皮肤。平时作息规律，保持合适温度、湿度，都有助于调整皮脂腺的分泌状况，算是对黑头"预防胜于治疗"的手段吧。

pleasant

眼袋 / 黑眼圈　针对性的护肤方案

不想再做“熊猫人”了吗？眼袋太重显老气？那就赶快把眼周肌肤问题解决掉吧，细心照料眼睛，让眼睛恢复轻巧、自然状态。

眼部按摩作用大

Step 1：掌心轻敷双眼。将双掌搓热，然后把掌心轻敷于双眼上，数到 10 即可。

Step 2：轻压眼头。利用双手中指和无名指的余热，轻压眼头处，可以舒缓眼部压力。

Step 3：轻轻点下眼睑。用食指、中指和无名指轻轻点下眼睑，舒缓眼部肌肤。

Step 4：按从眼头到眼尾的方向轻轻按摩 3 次。用食指、中指和无名指沿着下眼眶，按照从眼角到眼尾的方向轻轻按摩 3 次。

Step 5：适当按压太阳穴。把拇指放在眼角处，按照从眼角至眼尾的方向轻轻按摩上眼睑，最后适当按压太阳穴，重复 3 次。

Step 6：手指由靠近鼻梁处轻轻滑到太阳穴。伸出双手的中指和无名指，分别轻放于上下眼睑处，由靠近鼻梁处轻轻滑到太阳穴，如此重复 3 次。

护眼小技巧

TIPS 1：用维生素 E 胶囊涂抹眼部皮肤

每晚睡前用维生素 E 胶囊中的黏稠液对眼下部皮肤进行为期 4 周的涂敷及按摩，能收到消除下眼袋、减轻衰老的良好效果。

TIPS 2：用黄瓜片等敷眼

睡前在眼下部皮肤上贴无花果或黄瓜片，坚持下来可收到减轻下眼袋的美容效果。也可将木瓜加薄荷，浸在热水中制成茶，晾凉后经常涂敷在眼下皮肤上。

TIPS 3：避免随意拉扯下眼睑

在面部用些乳脂或油类，手指朝上击打颜面部位，特别要注意在眼周围脆弱的皮肤上重点轻敲。平时应当避免随意牵拉下眼睑或将其向外过度伸展。

TIPS 4：注意饮食营养

日常饮食中需注意常吃些胶体、优质蛋白、动物肝脏及西红柿、土豆之类的食物，注意膳食平衡，可为眼部组织细胞的新生提供必要的营养物质，对消除下眼袋也很有帮助。

Part 3 防晒护肤
帮助肌肤告别“老”和“黑”的万能钥匙

防晒产品 你适合什么形态的防晒产品?

防晒产品并非越轻薄越好，物理防晒虽然做不到似水一样轻薄，但是防护指数越高，对肌肤保护力度越大。事实上，做好防晒工作必须先了解肌肤的适应性，不耐油脂不透氧的肌肤，可牺牲一点防晒指数，使肌肤更舒适；而耐油脂耐覆盖的肌肤，就可以尝试万无一失的物理防晒产品。

你适合什么形态的防晒产品?

（根据你的肌肤经常发生的状况判断得出结果，○为合适，× 为不合适）

选防晒产品时，不能光看清爽与否，还需要自查自己出现最多的皮肤问题，对症选择防晒产品。

肌肤问题 / 防晒产品	出油量多	痤疮痘痘	红血丝	见光泛红	粉刺黑头	极易过敏
防晒霜 / 膏	×	×	○	○	×	○
防晒粉条	○	×	○	○	×	×
防晒乳	○	○	○	○	×	×
防晒液	×	○	×	○	○	○
防晒喷雾	×	○	×	×	○	×

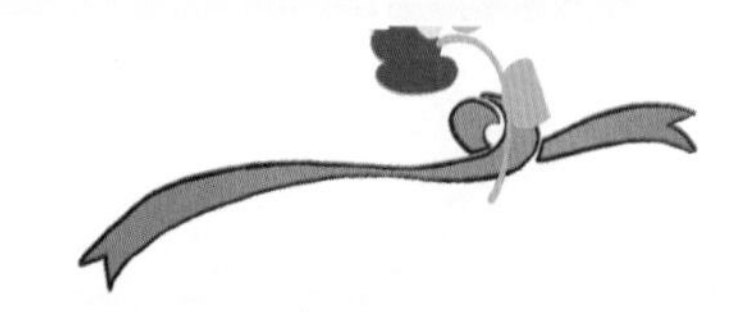

不考虑肌肤适应性的 NG 做法

错！不考虑肌肤耐受力，使用高倍数物理防晒产品

结果：肌肤透氧率下降，导致肌肤干燥和长脂肪粒

物理防晒产品通常是借助二氧化钛、氧化锌这两种微粒，来达到反射光线的效果，这两种成分刺激性低、适宜敏感肤质。使皮肤干燥、长痘和脂肪粒并不是这两种成分导致的。这两种物理微粒的化学性质，决定其必须配制成油性的膏剂使用，这就使得一些本身透气性差、角质状况紊乱的人出现上述的棘手问题。

错！担心肌肤油腻，只使用轻薄的防晒液

结果：防护级数不够，还是被晒黑了

防晒液多属于化学性防晒品，因为在皮肤上的涂抹厚度不够，在防护 UVA 和 UVB 方面实在有不可避免的软肋。另外，汗水和油脂也很容易摧毁化学防晒液的防线，以致很容易溶掉和脱落，无法全天候捍卫肌肤。

防晒成分　防晒成分面面观

防晒是一年四季都不能忽略的保养工作，特别是夏季，防晒变得更加迫切。有些人追求清爽感受，更喜欢选择化学防晒产品，有些人则认为物理性防晒更温和。不管是出于什么样的使用追求，请记住，适合自己的才是最好的。

防晒霜所含的防晒剂能够吸收或反射阳光中的紫外线，从而减低皮肤接触紫外线的量。而防晒剂又分为物理防晒剂和化学防晒剂。

所谓物理防晒剂就是在防晒产品中添加了物理性颗粒或粉末，这种产品涂抹在皮肤上之后，如同遮阳伞或镜面一般将紫外线反射出去，对皮肤起到屏蔽作用，从而达到防晒效果。

常见的物理防晒成分：二氧化钛和氧化锌

以这种防晒剂为主的产品，无刺激，适合敏感肤质使用，比较安全。同时，它的防晒谱比较广，所以防晒能力比较强。但是由于它自身的性质决定其只能配制成油性的膏剂使用，所以这种防晒霜比较油腻，厚重不清爽，不太适用于油性肌肤。

所谓化学防晒剂则是借助其他成膜性物质，在肌肤表面形成一道紫外线吞噬屏障，将对人体有害的紫外线隔离在外，从而发挥防晒作用。

常见的化学防晒成分：二苯酮、水杨酸乙基己酯、胡莫柳酯

以化学防晒剂为主的产品质地比较细腻，抹在皮肤上感觉比较清爽，更适合油性皮肤，其缺点是有些产品可能引起过敏。

你的肤质适合物理性防晒产品 or 化学性防晒产品？

对于油性肌肤来说，质地清爽的化学防晒产品是首选，而干性肌肤可根据肌肤状态或季节，自行调整产品的使用以获得最大的舒适感。敏感肌肤以及痘痘肌，则建议选择纯物理性防晒产品，如果防晒产品中配合添加了甘草酸二钾、洋甘菊或母菊类舒缓成分，其保养效果更理想。

防晒手法　乳、霜使用方法大不同

同样是防晒产品，防晒乳和防晒霜的使用方法却大不相同，分清两者的特点，才能更好地将防晒工作进行到底。

防晒乳的使用

TIPS 1：防晒乳需要一定时间才能被吸收并发挥作用，所以应在出门前 20~30 分钟涂抹。记住，防晒乳的 SPF 值不可累加，并且不能在上彩妆前使用，在补用防晒乳时，需先卸妆后再涂抹。

TIPS 2：使用防晒乳的厚度要适中。太薄达不到应有的效果，太厚又会给皮肤造成负担。一般涂抹量为每平方厘米 2 毫克，一双手臂一次应涂抹 2~2.5 克，面部一次应该涂抹 1~1.5 克。

防晒霜的使用

TIPS 1：涂抹防晒霜的最佳时间是外出前 15 分钟；当然也不需要紧张兮兮地涂抹多次，可以使用有专利防晒科技的防晒霜，它可以防止防晒成分被分解，长时间地保护我们的肌肤，让我们的肌肤晒不黑。

TIPS 2：涂抹脸部时，可以选择具有修颜作用的防晒霜。皮肤暗沉者可使用紫罗兰色修颜，肤色不均者可使用桃粉色修颜。使用防晒霜前，先要摇一摇；涂抹脸部时，使用中指和无名指来擦拭，在颧骨由内往外以轻轻画圈的方式推开。

海肌源莹亮防晒隔离露

推荐理由：质地轻盈，容易推开。隔离性不错，可做打底使用，适时的补涂即可满足一天的防晒需求。使用后肌肤变得水润，保护肌肤免受伤害的同时，还能为肌肤补充水分。

Fancl 无添加防晒露

推荐理由：不含防腐剂的防晒产品，质地温和，敏感肌肤也能使用。采用“LML护肤粉末”包裹紫外线反射剂的革新技术，保湿并修护皮肤，令产品更安全、更舒适。防晒霜有一定的润色效果，特别添加了“日本厚朴精华”，长效物理性防晒，能防止皮肤被晒黑晒伤，有效预防皮肤老化。

倩碧都市隔离霜

推荐理由：质地水润，非常好推。涂抹之后肤感很清爽，不黏腻。虽然是亮色质地，可是涂上没有特别强的修饰肤色功效。抗氧化性和防晒效果都很不错，还能有效滋养肌肤，是肌肤没有太多瑕疵的 MM 日常防晒隔离的好选择。

资生堂新艳阳夏柔和防晒乳

推荐理由：质地滋润而清凉，气味清香，水液状质地在涂上皮肤后很容易被吸收，而且没有油腻感，用起来很舒服，不油腻，不干燥。没有使用任何化学防晒成分，温和安全，并且能有效持久地阻挡 UVB/UVA 的侵害，防晒效果很不错，防晒持久性好。

晒后应急　不同情况晒后肌肤的应急护理

应急措施一：凉开水洗脸

研究表明，经常用凉开水洗涤皮肤，能够使皮肤细胞保持足够的水分而显得柔软、细腻、有光泽，并富有弹性。凉开水实际上是一种含空气杂质很少的“去气水”，开水自然冷却至20~25℃时，溶解在其中的气体比煮沸前少一半。水的性质也发生相应变化，内聚力增大，分子之间更加紧密，使凉开水容易渗透到皮肤内。同时，凉开水能使皮下脂肪成为半“液态”，从而使皮肤显得更加柔嫩健美。因此，夏季皮肤暴晒以后，可以使用凉开水擦洗皮肤。

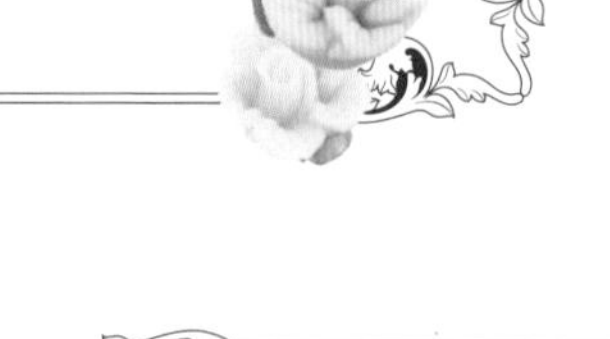

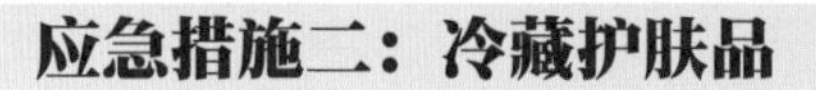

应急措施二：冷藏护肤品

最好先把一般的修护产品放在冰箱里冷藏一下，然后取出涂抹在灼伤的部位，或冰敷冷却，使皮肤迅速镇静，消除晒后炎症，恢复细胞正常功能，之后可以根据情况到专业的美容机构进行专业的修复治疗，晒后修复产品通过超声波导入，修复效果更为有效。

应急措施三：使用柔肤水

晒伤后，女孩们也可以考虑使用含有美白成分的护肤品。含有植物美白成分的柔肤水不仅可以起到二次清洁的作用，还可以通过水分的迅速渗透而达到收敛的效果，安抚受伤的肌肤。同时，美白产品能抑制黑色素的生成，对抵御紫外线的侵害非常重要。

应急措施四：使用面膜

持续使用面膜，可以为肌肤源源不断地提供水分，滋养修复。但是请注意，如果皮肤出现因脱皮造成的黑斑、花脸斑等严重症状，甚至还有非正常组织液渗出时，千万不能敷面膜！因为面膜中的营养成分反而会加重皮肤损伤。最好立即到医院治疗，在使用药物治疗效果见好后，自己适当地进行调理修复就可以了。

Sunscreen

晒后舒缓　缓解各种肌肤晒后症状

晒后肌肤护理方法一：揉捏或者按摩肌肤

对晒后肌肤进行揉捏或者按摩，可以促进血液循环，帮助细胞再生。先用适量的洁面乳在手掌打出泡沫，然后将它涂抹于面部，按摩 5~10 分钟，进行适度地轻柔按摩，有助于祛斑，增白皮肤。

晒后肌肤护理方法二：早晚洁肤

夏天肌肤容易出油，很多油脂都会附着在皮肤表面，因此对它进行清洁很有必要。每天早晚要使用洁面产品，深入肌肤清除毛孔内的脏污，彻底清洁肌肤，之后再涂上爽肤水来润泽肌肤，使皮肤显得透亮。

晒后肌肤护理方法三：晒后补水

晒后的肌肤往往处于缺水的状态，需要及时补充水分。可以使用一些具有补水功效的护肤品，为肌肤提供营养及水分，滋养肌肤。记住补水保湿非常重要，况且在这样的情况下进行美白，可以达到事半功倍的效果。

晒后肌肤护理方法四：冰镇护肤

裸露在太阳下的肌肤容易被灼伤，出现红肿、暗黄、变黑等现象，这时使用冰块或者化妆水来敷脸，可以降低皮肤表面的温度，镇静和舒缓被灼伤的皮肤，令肌肤清凉干爽，恢复晒后肌肤的活力和弹性。

修复成分 立竿见影的晒后修复成分

晒后肌肤需要及时修复，而哪些修复成分能够帮助肌肤快速恢复健康状态呢？“看穿”成分，才能够进行有效的晒后修复，将防晒进行到底。

芦荟

芦荟可以修复晒伤的皮肤，它可以稳定细胞膜、防止热损伤引起的炎性介质释放，既能软化皮肤、促进血液循环及细胞新陈代谢，又能保养皮肤细胞，吸热止痛。此外，芦荟既清凉又能消除肿胀，缓解疼痛，多次使用后还可以滋润皮肤，起到补水美白的作用。

茶叶

茶叶中含有茶多酚，包括黄烷醇类、花色苷类、黄酮类、黄酮醇类、酚酸类等。茶多酚具有解毒、抗辐射、抗氧化作用，能有效地阻止放射性物质侵入骨髓，并可使锶 -90 和钴 -60 迅速排出体外。

其中最值得一提的是绿茶。绿茶多酚（GTP）是绿茶中含有的一类多羟基酚类化合物，是一种高效的天然抗氧化剂，能防止胶原蛋白等生物大分子免受氧自由基的损伤，“安抚”受到刺激的神经元，以达到美肤内外兼修的功效。

维生素

维生素 A、维生素 C、维生素 E、半胱氨酸、谷胱甘肽等自由基清除剂，也可消耗自由基而减少氧化损伤，达到抗衰老与美白的功效。

晒后修复谨记

TIPS 1：区别对待

晒后修护也要根据不同部位皮肤的性质分别照顾，重点部位要特殊对待。对于鼻头、颧骨等特别容易晒伤的部位，可以用含有温泉水、芦荟、洋甘菊等成分的镇静消炎产品，蘸湿棉片敷于肌肤，进行重点护理。

TIPS 2：忌去角质

晒伤后不能乱用去角质产品。晒后肌肤时常会出现脱皮现象，这时不能急于求成地乱用去角质产品，比如磨砂膏等。最好先补水，然后等待新生肌肤的自然更新。

推荐产品

CHANEL 润泽活力精华露

推荐理由：湛蓝如海水、柔细平滑的凝露质地，体验迅速的清新感受。使用后渗透迅速，留给肌肤无与伦比的细致触感。此外，润泽活力精华露独特的“强化剂”功效，能有效提升同系列中其他产品的功效。润泽活力精华露搭配乳霜使用4小时后，肌肤的润泽度增加了100%。在日常的保湿产品之前，可用于彻底清洁脸部、颈部。

科颜氏黄瓜植物精华爽肤水

推荐理由：含植物萃取精华、无酒精的温和爽肤水，能自然均衡调理及清新爽肤，适合极干性、干性、中偏干性及敏感性肌肤使用。产品成分及特性：小黄瓜(Cucumber)，富含维生素C，可舒缓肌肤，并可治疗晒伤。天然保湿因子（Sodium PCA），可帮助肌肤吸收空气中的水分。尿囊素(Allantoin)，有镇静舒缓的功效，同时能促进肌肤组织的生长。芦荟(Aloe)，能镇定、湿润及保护肌肤，并能帮助除去疤痕，加速细胞再生，还可以治疗灼伤、创伤、晒伤、湿疹及皮肤炎。

修复方案　不同目的的肌肤修复方案

光涂好防晒霜就可以无拘无束地享受假期了么？不，你轻视了紫外线的战斗力和日晒伤害的持久性。在肌肤晒伤后，如果不能做到用正确的成分及时修护，皮肤衰老的时钟会走得更快。

旅行箱里的晒后修复方案

海岛畅游

Key: 别等晒后才修复，争分夺秒是关键。

修复时机： 随时给皮肤进行物理降温。

炙热的太阳加上不断从肌肤夺走水分的咸海水，经历一天海岛畅游的皮肤损耗巨大。等到回家才修复太晚了，晒后修复在玩乐间隙执行最佳。选择可直接涂抹在防晒霜上的修复产品，不仅可以随时舒缓皮肤，也不影响防晒霜发挥防护功效。

Burt's Bees 芦荟晒后舒缓保湿乳

99.5% 天然成分，可以直接覆盖在晒伤的肌肤上，使其免受紫外线损伤，随时舒缓缺水肌肤。

Clarins 娇韵诗晒后倍舒保湿乳

西瓜加海藻糖成分迅速舒缓日晒泛红和燥热，维生素 E 加含羞草成分控制肌肤水分蒸发，可覆盖在防晒霜上，也可日晒后数日持续使用。

沙漠探险

Key: 侧重修复紫外线损伤。

修复时机： 当晚开始修复，需持续 30 天。

沙漠地区云少、气候干燥、植被少，因为无滤光遮挡物，紫外线到达率相当高。沙漠探险归来应侧重修复紫外线损伤，由于紫外线射杀的是肌肤中的胶原蛋白，加剧透支胶原蛋白已经面临严重流失的肌肤，因此多肽成分修复效果最好。

For Beloved One 宠爱之名胶原蛋白修护霜

对抗干燥缺水、氧化晒伤、松弛过敏的万能胶原蛋白修护霜，内含强化五胜肽，能迅速补充因日晒流失的胶原蛋白。

ESTHEDERM 雅诗敦全能活肤密集精华露

内含四胜肽、绿藻类酵素等高浓度舒缓修复成分，重新启动细胞生长，修复熟龄肌晒后损伤，恢复正常角质代谢。

森林徒步

Key: 深层清洁和舒缓并举。

修复时机： 当晚就需要彻底清洁，后续应视毛孔状况再考虑重复多次。

潮湿闷热的野外雨林对肌肤的威胁是毛孔堵塞。肌肤因闷热分泌的油脂和汗水混合防晒产品，很容易造成肌肤角质代谢不畅，闷出红疹和痤疮。回到家后，除了要彻底清洁面部，更要考虑使用兼具深层清洁和舒缓效果的面膜，排除满脸长痘的危险。

Mario Badescu 黄瓜面膜

含有黄瓜藤精华、高岭土及麦苗精华，质地温和，能迅速舒缓肌肤并立刻清洁毛孔，敏感的熟龄肌肤也能使用。

Kieh's 科颜氏亚马逊白泥净致面膜

能帮助肌肤净化排毒的亚马逊白泥成分，搭配有效舒缓皮肤的库拉索芦荟液汁，实现熟龄肌晒后修复的深层清洁和有效舒缓。

峡谷漂流

Key: 抗菌是晒后修复很重要的一环。

修复时机： 必须及时清洁皮肤和补水舒缓。

穿梭峡谷或者漂流时，皮肤会接触到各种微生物和细菌，及时使用洁肤液清洁非常重要。如果你的游程中包含不太方便用净水的峡谷、山区，可以准备一瓶喷雾或者洁肤液，晒后进行舒缓和清洁工作时使用。

La Mer 海蓝之谜活肤舒缓喷雾

内含负离子水分，能迅速唤醒旅途劳顿的肌肤，改善肌肤敏感现象的同时，抚平熟龄肌的干燥细纹。

Peter Thomas Roth 彼得罗夫芦荟保湿喷雾化妆水

不含香料、香精和色素，针对氧化和疲惫产生的自由基，抗击氧化的同时迅速镇静晒后皮肤，同时适合熟龄肌用于深层补水。

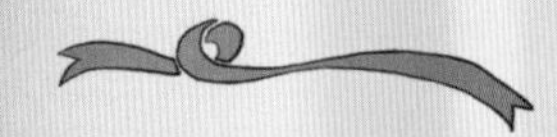

皮肤水嫩的根源自然就是水，每天不管多忙，都不要忘记给自己倒杯水。为自己挑选一款精致的水杯，无论在寒冷的冬天还是空调房干燥的夏天，都给自己一杯触手可及的温暖。只有身体补足了水分，皮肤才有水嫩光滑的资本。

Chapter 2

彩妆篇

素面朝天固然亲切自然，但是多一点点修饰能够让你更精致！如果你还没有开始对自己的面部“指手画脚”，那么就从基础的使用工具开始做功课吧，眼线、腮红、鼻影……面面俱到才能做到精致满分。彩妆能够让你更加了解自己，根据场合找到适合的妆容，让脚步匆匆的生活多一点优雅色彩！

Part 1 认识工具
那些让我们变美的“魔法棒”

化妆刷具　六把刷子就能变美

蜜粉刷

一把柔软的蜜粉刷可以让扫出的粉妆具有丝绸质感，使妆面更干净持久。

遮瑕刷

精细的刷头能刷到难以触及的部位，让遮瑕效果更均匀自然。

腮红刷

腮红刷比粉扑更能刷出自然弧度的腮红，晕染阴影，可以完美突显面部轮廓。

眼影刷

眼影刷的种类繁多，你可以准备不同大小的眼影刷来配合不同的眼部勾画法。

眉刷

配合眉粉，能画出相当自然的眉形，它比眉笔更易控制力度和浓淡。

唇刷

唇刷是化精致唇妆不可或缺的工具，它能精确勾勒唇形，使双唇色彩饱满均匀。

底妆工具　不同工具能产生不同的效果

粉底刷

粉底刷的特点：合成纤维或者动物刷毛的材质、扁扁的形状和长把手。这种刷子用来涂抹粉底液最好，因为扁扁的形状不用太费力就可以轻松把粉底液涂满全脸，并且使刷出的效果轻薄自然。即使手指不容易够到的死角（比如鼻翼和眼周），刷子也能轻松搞定。因为扁平的刷头不适合太强的力度，所以不要选择太浓稠的粉底液，否则不仅不容易刷开，还会导致刷毛打结。

海绵

不同档次的化妆海绵其实差别并不大，都可以帮你混合脸上的粉底。当然，它们的差别在于，质量好的海绵细腻，不会对皮肤造成伤害。海绵有各种尺寸、形状，但对于涂粉底最好选择楔形海绵。之所以好用，是因为它很容易够到一些死角，比如鼻翼之间的缝隙，或者眼角等。

不管是液体粉底还是膏状粉底，海绵都是一个好选择。它唯一的缺点是，容易蘸取过量粉底。海绵吸水的特性让它可能吸取过多的粉底，既浪费也很难清理。最好买一袋一次性的海绵，这样你省去了不停清洁的麻烦。如果不是一次性的海绵，也要定期用中性清洁剂清洗，要知道，不干净的海绵是造成痤疮的重要原因之一。

手指

有的化妆师尤其偏爱用手指上妆，的确，使用手指可以更好地混合粉底，并且容易控制用量。另外手指的温度还可以让粉底更服帖于肌肤。就算是用工具涂粉底，有时候也还是会用手来确认是否有地方没有涂抹均匀。大部分质地的粉底产品都可以用手涂抹，除了粉饼，因为粉末会一直粘在手指上。

TIPS　底妆刷具挑选及使用

1. 初学者可以用粉底刷上底妆，既可顾及脸部细微处，又可增加细致度。
2. 粉底刷挑选合成毛材质，其弹力较好，能吸附恰好的粉底液量，让妆感服帖。
3. 粉底刷笔尖以圆弧状最佳，可依肌肤纹理以放射方向来刷，从而让底妆分布均匀。

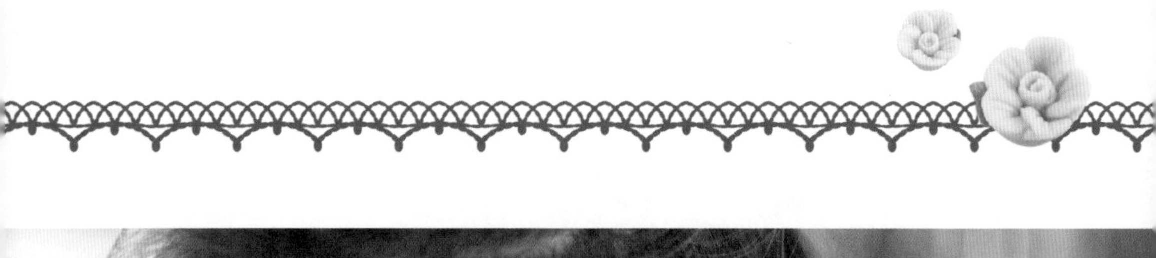

其他化妆工具　不可小觑的化妆小道具

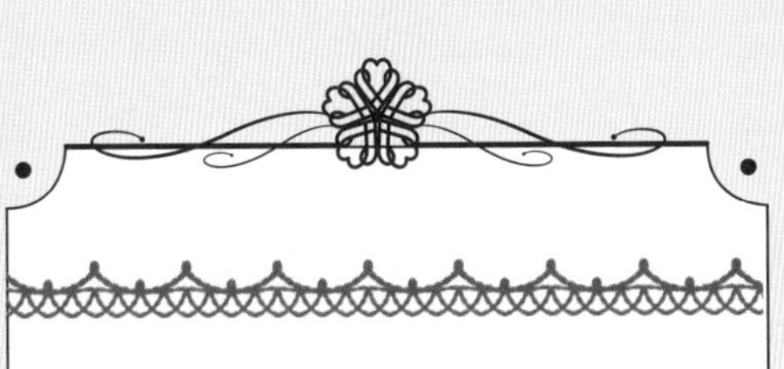

眉剪

独特的设计，完美的材质，用于修剪眉毛，塑造完美眉形。可以安全、细致地剪去眉部杂毛，还可用于修剪假睫毛。

睫毛夹

睫毛夹的形状与眼部的凹凸一致。轻轻闭上眼睛，将睫毛夹对准睫毛位置，就可以轻松地夹出卷翘的睫毛。

修眉刀

修眉刀能帮助修除多余的眉毛，轻轻不留痕迹，刀头小巧易于掌握，能有效修整美眉，修眉刀带有防护网，不会轻易弄伤肌肤。

镊子

假睫毛专用镊子能够帮助更安全、更卫生地使用假睫毛，同时也能够保持假睫毛的形状，以免被折叠或是弄坏。

电动睫毛烫卷器

电动烫卷器的刷头划过睫毛的同时，其独特的刷毛材质会发挥专门的功效，先将睫毛根根分开，再将睫毛自然烫卷。

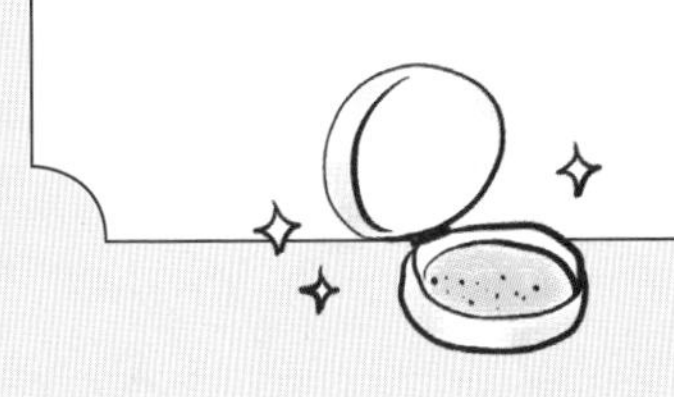

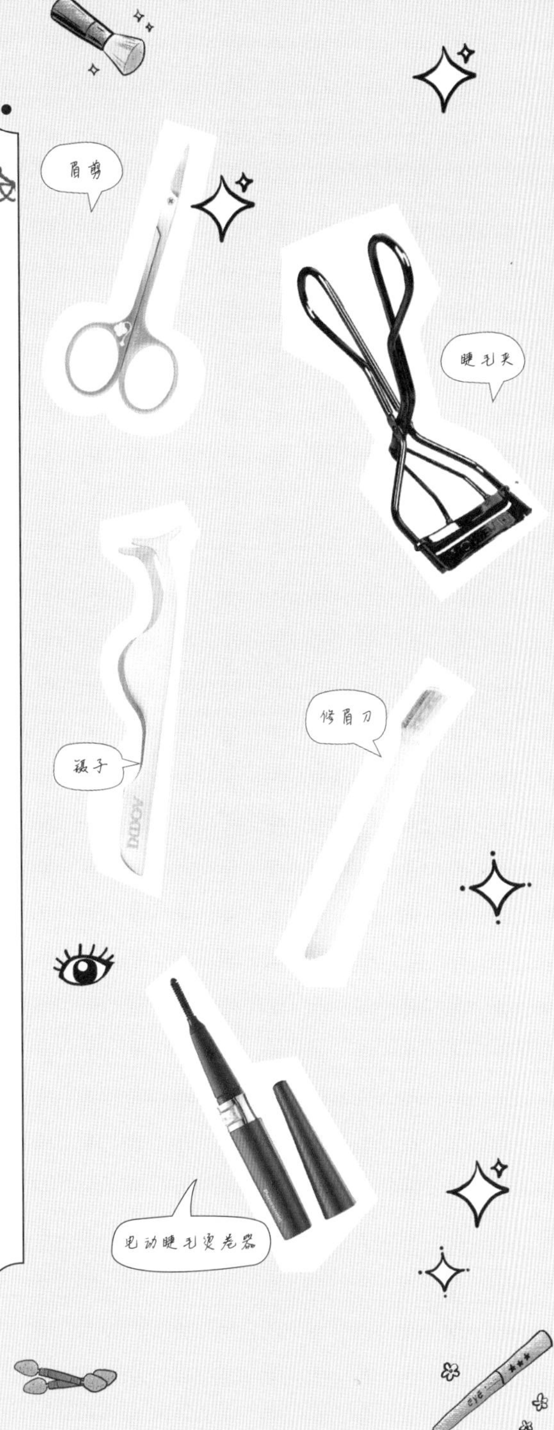

假睫毛　精彩纷呈的电力萌眼

自然式整排睫毛

这是用得最多，也最自然的假睫毛。大家在选择日常妆的时候，都可以直接佩戴，很自然，刷了睫毛膏以后就跟我们自己的睫毛一样。使用的时候要稍微剪短一点，会比较自然，适用于自然的妆容以及睫毛稀少的人群。

自然式种植单根睫毛

这样的睫毛多用于睫毛膏广告，单根的睫毛需要逐一种植上去，费时费力，要求在妆面清透的情况下使用，也可以在无痕化妆中使用，可以带来仿真睫毛的完美视觉。

自然单簇种植睫毛

有一个小小的根部，呈爪状分开的睫毛稍的弧度比较自然。由于是簇状的睫毛，根部要种在睫毛的根部眼线上，隐藏梗，也方便种植于内外眼角来完善眼部形状，较多用于新娘妆，让人看起来更生动活泼。

网状交织假睫毛

网状的睫毛，适用于小烟熏或者稍浓的睫毛需求者，也适用于金属感的妆容中，更容易表现出质感和气质。

魅惑整排粗睫毛

对于呈放射性、粗细相间的睫毛来说，可以让眼睛瞬间放大，使眼睛更有神，同时也会让眼部的妆容变浓。有时候也可以代替双眼皮胶带来帮助眼睛完善形状，适用于稍浓的日常妆容。

透明梗睫毛

对于只要求睫毛的长度和密度的人来说，这无疑是一个很好的选择。没有颜色的根部，让它看起来比较自然，而且塑料的透明梗也不会使眼睛像一个框一样被局限，越来越受年轻女孩的喜爱。

蕾丝感花式睫毛

很多中式婚礼的新娘和一些走秀模特常常使用这样的假睫毛，带有蕾丝的睫毛显得更出众，让人不觉眼前一亮，更增加了女人味。

Part 2 妆前打底
塑造会呼吸的零负担底妆

妆前　打好妆前基础

良好的底妆基础才能成就完美的妆容，化出更自然贴合的美妆，因此不能忽略妆前的保养工作。

用指腹蘸取适量的化妆水或柔肤水，可以根据肌肤状况选择不同的水。

用指腹将化妆水轻轻拍打在面部，并以点压的方式按摩面部。

接着将保湿乳液挤在化妆棉上使用，充分锁住肌肤水分。

将保湿乳液均匀涂抹在面部后，用化妆棉按压 T 区容易出油的部位。

继续使用隔离霜，取适量于指尖，然后均匀点涂在面部四周。

用指尖将隔离霜以打圈的方式慢慢推开，使其更加服帖清爽。

隔离　不同肌肤底色的隔离准则

隔离霜能够帮助皮肤更好地隔绝空气中的有害物质，同时调整出均匀的肤色。

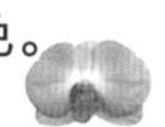

首先用化妆棉在面部补一次柔肤水，让肌肤更加水润。

从脸部中央开始涂抹隔离霜，用指尖轻轻将隔离霜横向推开。

接着是额头和鼻翼的部位，同样将隔离霜均匀地涂抹开。

眼睛周围，特别是黑眼圈和眼袋处需要进行二次涂抹。

闭上眼睛，对上眼睑和外眼角处进行涂抹，保护脆弱的眼周肌肤。

遮瑕　全方位完美遮瑕术

无法忍受肌肤表面的痘疤和凹坑？遮瑕膏就能够抚出平滑美肌。

首先取适量遮瑕膏，在手上轻轻地抹开，使其更加细腻柔和。

然后用指腹轻轻地点在痘疤或是凹坑的位置，掩盖住痘印和凹坑。

再用小号的粉刷轻轻涂刷刚刚使用遮瑕膏的位置。

涂抹好所有的痘印和凹坑之后，再使用大号的粉刷轻轻涂刷一层粉底。

黑眼圈会让人看起来气色不佳，再精致的眼妆也无法弥补，所以要先将黑眼圈遮盖掉。

将粉底液轻轻地点在眼睛下方的黑眼圈处，越靠近眼睛则用量相应减少。

眼尾的位置也要轻轻地蘸点粉底液，但是用量不能过多。

接下来用无名指指腹轻轻地点压粉底，从黑眼圈下端向上轻点。

最后用大号的粉刷，轻轻地在眼周围扫上一层粉底。

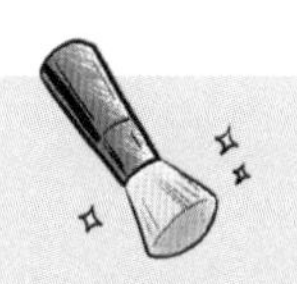

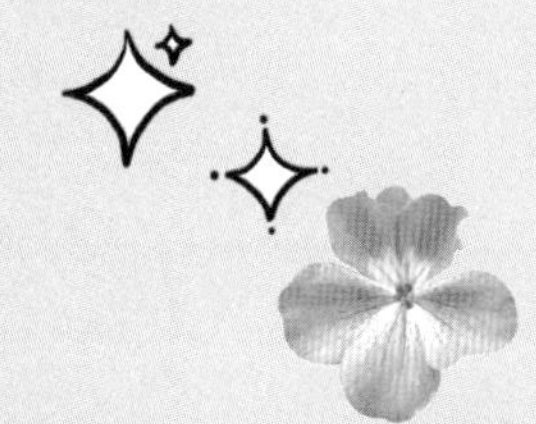

泪沟

泪沟会让眼睛变得无神，因此要将它悄无声息地掩藏起来。

首先将粉底液轻轻涂刷在泪沟的位置，注意要横向点涂。

接着用无名指指腹轻轻地点压粉底，从眼头向眼尾处点压。

为了使粉底液覆盖得更加自然，需要再次轻轻点压。

最后再使用小号的粉刷，轻轻地在泪沟位置扫过一层粉底。

眼袋

让人看起来无神又老气的眼袋，也会影响整体的妆容，一定要好好遮盖起来。

首先在眼部使用一层保湿精华液，让眼睛得到滋养和放松。

然后用指腹轻轻地按摩眼周眼袋的位置，同时缓解浮肿的现象。

接着再将粉底液轻轻地涂抹在眼袋处，使用轻轻蘸点的手法。

最后用小号的粉刷，将粉底液均匀涂刷开，自然遮盖眼袋。

打底　不同形态的打底方法

粉底液

粉底液用粉刷来进行涂刷，会更加均匀自然。

取少量粉底液于手上，注意每次取的量不必过多。

然后用粉刷蘸取粉底液，先从靠近鼻翼的脸部开始涂刷。

接着涂刷脸颊、颧骨和眼部四周，根据肤质的状况蘸取粉底。

鼻翼、鼻梁、嘴角四周需要更为仔细地涂刷。

额头要从中间向两侧涂刷，注意发际线的位置也需要涂匀。

下颌以及颈部也需要涂刷粉底液，使整体肤色更均匀。

粉底霜

如果你更喜欢使用粉底霜，那么也需要细心使用。

首先选择适合自己肤色的粉底霜，同时还要保证粉扑洁净。

蘸取适量粉底霜后，先从鼻翼两侧的脸颊开始横向涂抹。

接着涂抹脸颊和颧骨的位置，注意补充蘸取适量的粉底霜。

鼻子和鼻子下方的位置，要细致涂抹。

唇部四周，特别是下巴处同样需要特别涂抹。

最后再涂抹额头，从中间向两侧均匀涂抹。

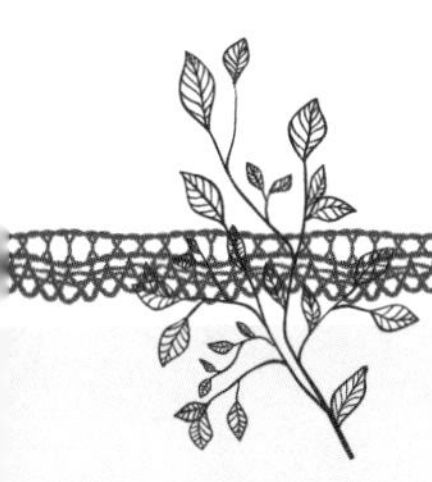

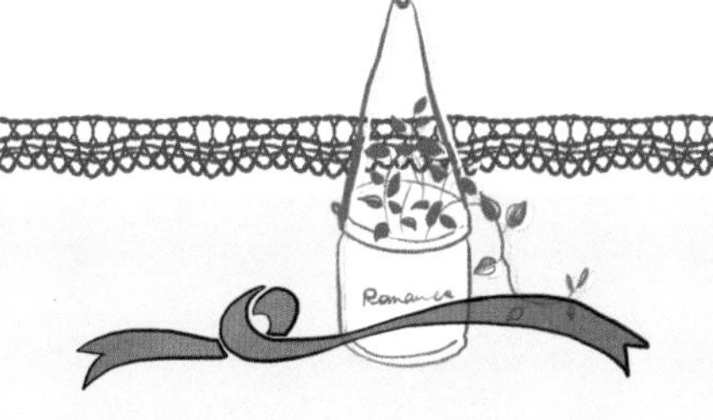

湿用粉饼

先向粉扑喷洒少许化妆水或纯净水，使粉扑有一定的湿润度。

再用粉扑蘸取粉饼，注意观察粉扑，以免其过于湿润或是湿度不足。

接着将粉饼轻轻涂抹在鼻翼两侧的位置。

脸颊处同样以从内到外的手法进行涂抹，发际线处也要细心涂抹。

额头肌肤较干的女生非常适合湿用粉饼，从中间向两侧推开涂抹。

下巴和嘴角处也需要认真涂抹，才能让底妆更完整。

BB 霜

首先用指腹轻轻蘸取 BB 霜，只需要蘸取少量即可。

然后轻轻地点在脸颊处，每侧脸颊各分开点3~4点。

额头部位也同样先用指腹蘸取BB霜，轻轻点上3点。

接着将点上的 BB 霜，用点拍的手法轻轻涂抹开。

再使用大号的粉刷，在面部各处轻轻地涂刷，使 BB 霜更均匀。

额头和发际线处同样使用大号粉刷轻轻地涂刷。

Part 3 重点讲习
打造让每个人都过眼难忘的精致五官

眼线　四种眼线的画法

让眼神飞舞起来的秘诀就是精细的眼线，不同的眼线可以打造出不一样的神韵。

基本眼线

先用眼影刷加深眼窝，在眼线处轻轻涂刷一层浅咖啡色的眼影。

然后用眼线笔先从眼部中央向眼尾画眼线，再画上前半段眼线。

最后用海绵棒轻轻擦去眼尾处多余的眼线，使其更加自然。

内眼线

用一只手轻轻抬起上眼睑，然后轻轻描画出眼头处的眼线。

接着描画中间部位的眼线，注意也要用一个手指轻轻抬起眼睑。

最后再描画眼尾处的眼线。内眼线的眼尾不需要过多延长。

上扬眼线

用眼线笔蘸取适量眼线膏，从眼中部开始向眼头画出前半段眼线。

半闭着眼睛，沿着睫毛根部画出后半段眼线，画到眼尾时笔触拉长上扬。

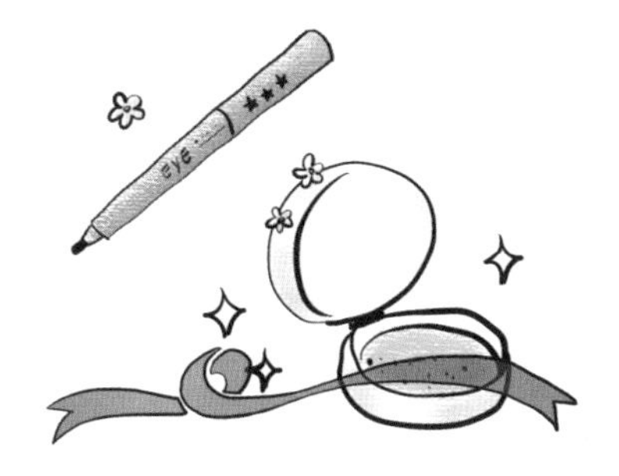

下垂眼线

沿着睫毛根部从眼中部往眼头方向画出前半段眼线。

眼睛微微睁开朝下看，然后画出后半段眼线，同时眼尾处向下倾斜约 15 度。

眼影　裸妆 / 烟熏眼妆的眼影技巧

眼影能够让眼睛有千般变幻，正确的涂刷手法依然很重要。

裸妆眼影

1

首先要对眼周进行打底，用粉底均匀涂抹。

2

要使用粉刷上眼影，并以横向的手法涂刷。

3

下眼影同样用粉刷，微微倾斜 30 度进行涂刷。

4

涂刷眼影后再画一次眼线，能够让眼妆更完整。

5

最后别忘了涂刷假睫毛，这样眼妆才更出彩。

烟熏眼影

1 首先在眼睑处轻轻地涂刷一层珠光感的白色眼影。

2 然后将选择的眼影用眼影刷横向涂刷在上眼睑。

3 用眼影棒从外眼角开始横向涂画下眼睑。

4 再用细头的眼影刷晕刷下眼睑的部位。

眉毛　日常眉 / 复古粗眉的对比

眉毛的形状能够影响一个人的整体气质，因此画好眉毛可不是一件小事。

日常眉

1. 先用修眉刀将眉形整理好，去除多余的杂毛。

2. 然后用眉笔画出眉毛的基本轮廓。

3. 用眉刷修饰眉头的部位，使其自然匀称。

4. 用螺旋状眉刷整理眉毛，让线条更顺畅。

5. 再用眉刷涂刷整体眉毛，使眉头至眉尾的色泽均匀。

6. 最后再使用一次眉膏，强化眉形。

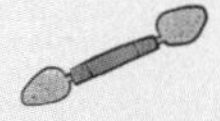

复古粗眉

先用眉笔描出粗眉的整体轮廓，眉形不宜过粗。

然后用眉刷填涂眉毛中间部位的色泽。

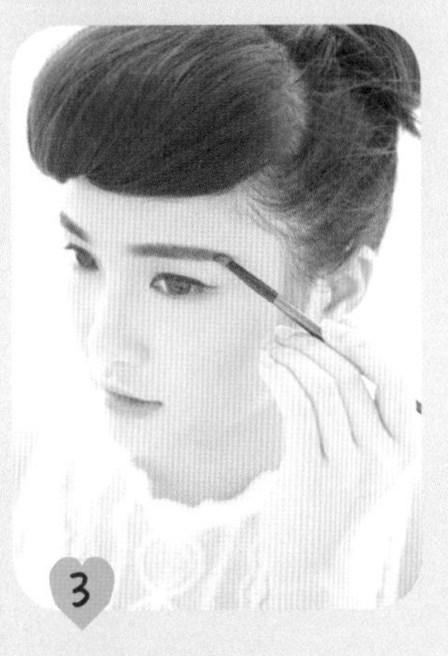

接下来涂刷眉尾的位置，将眉尾略微延长。

再涂刷眉头的部位，眉头的颜色不宜过重。

用螺旋状眉刷整理整体眉形。

最后再用粉刷轻轻涂刷，调整眉毛的颜色。

腮红 横向 / 斜向 / 圆形腮红的脸形再造术

腮红能够让你看上去精神焕发，不同的腮红可以展现出不同的气色，你喜欢哪一种呢？

横向

1 使用大号的粉刷从苹果肌的位置开始向外横向涂刷。

2 在鼻翼两侧也同样轻轻地点刷腮红。

3 然后用同样的方法涂刷另一侧脸颊的腮红。

斜向

1 从眼睛的下方、靠近鼻翼的位置开始，用大号粉刷向外斜刷腮红。

2 接下来是颧骨靠近太阳穴的位置，向下轻轻涂刷。

3 最后从外眼角的位置向太阳穴的方向，同样稍稍向下斜刷。

圆形

1

用手指指腹蘸取腮红，以画圈的手法涂抹在苹果肌处。

2

然后用大号粉刷，同样以画圈的方式涂刷腮红处。

3

最后再用干净的粉刷轻轻涂刷腮红，使其更自然。

唇色　不同唇妆风格的上妆指南

唇色对于决定妆容的风格来说十分关键，让唇部色泽饱满是上妆最基本的要求。

亚光唇色

1. 首先用柔肤水对唇部进行清洁和保湿。
2. 然后选择亚光裸色或浅色唇膏涂抹唇部。
3. 接着再选择亚光色的唇膏进行涂抹。
4. 最后将一张干净的纸巾放在唇部，轻轻抿一下即可。

晶亮唇色

1. 先在唇部使用一层保湿乳或保湿霜。
2. 然后涂抹所选择的唇膏。
3. 接着用唇刷再涂抹一次唇膏。
4. 最后再使用水润亮泽的唇蜜即可。

修容　脸形缩小四步走

修容能够更好地打造脸部轮廓，修容粉能够让整体妆容更加完美。颊部、腮部、下巴、发际线，简单的四步就能让你轻松“瘦”脸。

耳朵下方的线条会影响脸部的轮廓，因此颊部需要进行修饰。

脸颊除了涂刷腮红之外，修容可以更好地修饰出小脸形。

下巴也是不能漏掉的修饰死角，轻巧的下巴可以让妆容更精致。

最后还要处理发际线，修饰之后能够起到让脸部看起来更小的效果。

鼻影　美鼻的“小心机”

你还在为没有高挺的鼻梁而难过？那么就画出来吧！通过鼻影来加长鼻梁、加高鼻梁及细化鼻头，可以让鼻子看起来更加挺拔。

1

使用中号的粉刷将修容粉涂刷在眼头靠近鼻梁的凹陷处。

2

从两侧凹陷处轻轻向鼻梁处画出浅显的线条。

3

将高光粉涂刷在鼻梁的上方，并沿着鼻梁将高光粉涂刷至鼻头的位置。

4

最后在眉头靠近鼻子的位置也涂刷一层高光粉。

高光 提亮妆容四部曲

高光粉能够让妆容看起来更加亮泽。通过提亮眼底、鼻梁、唇峰、下巴，可以让妆容更为明亮，同时面部也更有神采。

1

在眼睛正下方的位置使用高光粉，横向轻轻涂刷。

2

在鼻子的正上方同样使用高光粉，以垂直方向涂刷。

3

在 唇部的上方即人中的位置，轻轻涂刷高光粉。

4

在下巴的正中央处用高光粉轻轻地点刷几次。

Part 4 场合妆容

塑造好人缘的交际驭妆术

约会妆　提升恋爱运势的甜美裸妆

让恋爱的甜蜜都展现在脸上吧，画个甜美裸妆去约会，一定能够为你们的约会增添更多甜蜜的气息。

1 首先在上眼睑处使用浅黄色的眼影，用粉刷轻轻地横向涂刷。

2 然后选择深一色号的金色眼影，涂刷靠近眼线的位置。

3 接下来在眼头的凹陷处轻轻地涂刷一层浅黄色的眼影。

4 用细头的粉刷，将黄色眼影涂刷在下眼线处。

5 然后再用眼线笔画出流畅的上眼线，眼尾微微延长。

6 使用浓密卷翘型的睫毛膏，将睫毛刷卷翘。

将腮红以画圈的手法涂刷在脸颊靠近颧骨的位置。

最后涂抹上桃粉色唇膏即可。

面试妆 树立专业形象的干练裸妆

想要在面试中脱颖而出吗？那么就要从面部的妆容入手，打造出亲和又干练的面试妆，让面试成功更近一步。

首先选择细腻、贴近肤色的粉底液，先取适量于手上，再均匀涂抹于脸部。

用修容粉将面部的痘印或凹陷处填涂修整。

接着再用大号的粉刷将面部的底妆涂刷均匀。

选择大地色系的眼影，用粉刷轻轻涂刷在上眼睑。

眼线要流畅自然，不要画过于浓重的眼线。

下眼睑同样使用大地色系眼影，涂刷在后眼角区。

ZOOM IN

优雅大方的气质令人赏心悦目，同时又不失简洁干练的气息。

7

选择明亮色泽的唇膏，均匀地涂抹在唇部。

8

再使用一层唇蜜，让唇部更加莹润自然。

通勤妆　提升事业运的优雅轻熟妆

简单干练的通勤妆，能够将你打造成更有沉稳气质的职场佳人，带有轻熟感的优雅气质，一定能够让你赢得同事们的赞许。

使用大号的粉刷均匀地涂刷底妆，让肤色匀称。

选择柔和的浅黄色眼影，轻轻地涂刷在上眼睑。

画出平直柔和的上眼线，眼尾处不需要上扬。

眉毛处选择与发色接近的浅咖啡色，让眉峰圆润自然。

以横向涂刷的手法，将腮红涂刷在颧骨的位置。

选择明亮的橙色唇膏，均匀地涂抹在唇部。

ZOOM IN

优雅轻熟的气质让人看起来更加沉稳大方。

7

再用唇刷轻轻地将口红均匀涂开。

8

涂上一层晶亮的润唇啫喱，让双唇闪亮动人。

派对妆　猫眼妆万伏电力吸引法则

用一双魅力猫眼加大眼部“电力”，让自己在派对上成为夺目的焦点，电力吸引法的关键就在魅力十足的猫眼妆。

使用大号的粉刷，将底妆均匀地涂刷在面部。

选择浅金色的眼影，用眼影刷轻轻地涂刷在上眼睑处。

下眼睑的外眼角区，先后涂抹浅金色、咖啡色眼影。

将浓密卷翘的假睫毛仔细地粘贴在睫毛根上。

在睫毛根部画出流畅的上眼线，眼尾微微上扬。

将眼头处的眼线延长至下眼线的位置。

ZOOM IN

别致的猫眼电力十足，充满个性的派对妆让你看起来魅力无限。

7

腮红可以选择带有高光的颜色，将其涂刷在苹果肌处。

8

最后再涂抹唇膏，选择粉嫩颜色，让妆容带有甜美感。

聚会妆　唤醒人气的好人缘气色妆

想要在聚会时博得好人缘，那么就化一款亲和感强的好人缘妆吧！散发出柔美温和气质的你，一定能受到大家的欢迎。

1

首先画出柔和的眉峰，画出眉毛的整体形状。

2

然后涂抹一次眉膏，让眉毛的造型更完整。

3

接着选用珠光感咖啡色的眼影，用眼影刷将其涂抹在上眼睑处。

4

再使用深一色号的咖啡色眼影，涂刷在上眼睑的眼尾处。

5

将纤细浓密的假睫毛仔细地粘贴在睫毛的根部。

6

在睫毛根部画出流畅的上眼线，眼尾微微延长。

8

选择粉嫩的桃色唇蜜，均匀地涂抹在唇部。

7

用大号的粉刷将腮红涂刷在苹果肌的位置。

出游妆 超便捷的零破绽日常裸妆

为了收获美丽的照片，出游之前一定要先好好地打扮自己。这款超便捷、零破绽的日常出游妆，就能帮你打造完美妆容，定格美好记忆。

首先用小号粉刷将底妆仔细、均匀地涂刷好。

再用大号的粉刷轻轻涂刷面部，让底妆更加自然。

选用棕色的眉粉，用粉刷轻轻将其涂刷在眉毛上。

选择自然的大地色眼影，用眼影刷将其涂刷在上眼睑处。

在眼头靠近鼻梁的凹陷处，同样涂刷一层眼影。

再画出流畅的上眼线，眼线要纤细柔长。

接下来选择粉色的腮红，用粉刷以斜刷的方式涂刷。

最后选择浅粉色的唇蜜，均匀地涂刷在唇部。

ZOOM IN

安静清新的气质，充满鲜花般的芳香和恬静气息。

运动妆　肆意挥汗的零破绽透明妆法

为了让自己在运动时也能够保持完美的妆容，不被挥洒的汗渍打败，我们需要更加用心打扮！

选择质地轻柔的底妆，用粉刷将其均匀地涂刷在面部。

用大号的粉刷将底妆整体涂刷一遍。

选择浅咖啡色的眼影，将其涂抹在上眼睑处。

再选择黄色的防水眼影，将其涂刷在上下眼线处。

在眼头的凹陷处轻轻涂刷一层修容粉。

沿着睫毛根部画出流畅的上眼线。

再将腮红涂刷在脸颊两侧的位置。

最后选择莹润自然的浅粉色唇膏涂在唇上即可。

晚宴妆 惊艳四座的古典女神印象妆

要想在精彩纷呈的晚宴上惊艳四座，可以选择化一款相当考究的宴会印象妆，它能够让你在众多嘉宾中脱颖而出。

精心涂刷好底妆，打下完美肤色的基础。

选择珠光感咖啡色、金色眼影，依次将其涂刷在上眼睑。

在眼头的凹陷处涂上咖啡色的眼影，打造阴影感。

眉毛要描画得更加仔细流畅，让眉峰的线条更圆润。

上边的假睫毛选择浓密卷翘型，下边的假睫毛选择段式。

眼线可以画得浓重一些，眼尾微微上扬。

最后选择一款明朗的红色唇膏，这样能够为整体妆容加分。

选择珠光感的腮红，将其涂刷在脸颊靠近颧骨的位置。

既然女生天生拥有化妆的特权，为什么不让自己的五官更精致一点呢？素面朝天是率性也是无知，每张脸蛋都不完美，而化妆刷正是你通向完美的钥匙。

hydrangea

Chapter 3

发型篇

每天对着镜子里不变的自己，你也感到枯燥乏味了吗？那么就换一款发型吧，它能够让你瞬间焕然一新！当然，首先你得拥有一头健康顺滑的秀发。从洗发护理开始，到发型工具的运用和发型的改变，这些都是全能美人必备的发型基本技能。把握好发型，就能够掌控美丽全局。

Part 1 基础护发
打造丘比特最爱的柔亮头发

发质　你真的了解自己的发质吗?

平时挑选洗护产品或者做造型时，都需要弄清楚自己的发质。其实方法很简单，不需要仪器，凭手的触觉就可以分清发质类型。

干性发质：头皮的油脂量非常少，头发即使刚刚清洗，也常常摸到打结处。发根浓密，但是发尾有开叉，感觉发尾非常稀薄。

油性发质：头皮的油脂量多，甚至用手摸到头发中段还是油的，容易头痒，把头发拨到眼前细看，发尾也容易沾到头皮屑。

中性发质：即使几天不洗头，头皮也能保持不干不痒的状态，用手触摸头发，没有打结分叉，发丝从发根到发尾都一样粗细均匀。

混合型发质：用干净的手摸发丝，感觉头皮油但头发干，越靠近头皮的头发油越多，越往发梢处越干燥，甚至呈开叉的状态。处于生理期和青春期的女生多为混合型发质。

头皮受损型发质：烫染过后的人要经常做这个检验——用手缓缓抚摸头皮，感觉发根非常稀疏，局部毛囊有破皮刺痛感，常常容易出现极度干痒、严重出油等反常现象；发丝粗糙，经常有小截断发掉落下来。

发丝受损型发质：表面观察，头发发质枯黄、暗淡无光，用手梳理没有顺滑感；但只要进行过焗油和深层护理，情况就会立即改善。

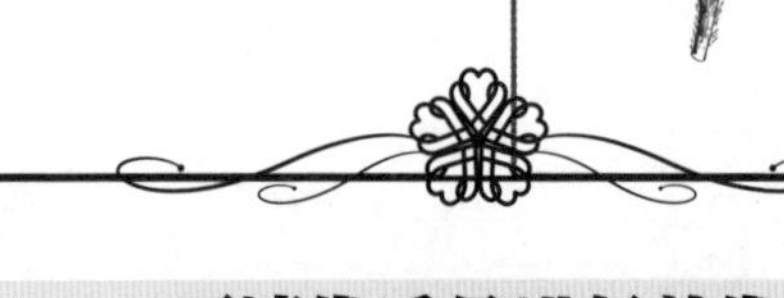

弄清发质是进行美发护理造型的第一步

发质并不是一生不变的，它会因为生活习惯的改变、情绪的波动和烫染过程等因素稍为改变。建议准备两瓶功能不同的洗发水，一瓶供日常清洁护养，另一瓶舒缓型的可供生理期、头发状况不稳定等时期使用。

洗发　如何选购适合自己的洗发水

所有的洗发产品都含有人工化学成分，因此我们更需耐心选择。人的头发是一种有生命的纤维质，将它放在高倍电子显微镜下观察，会发现其表层是由无数鳞片组成的。虽然头发生长所需的养分是靠人体通过发囊供给的，但头发的鳞状表层就像树木的树叶一样，具有呼吸功能。洗发用品使用得当，就有利于头发；反之则会损害头发。

如何选购洗发水

1. 要了解自己的发质

不同的发质对洗发水的清洁能力要求不同，一般油性发质对洗发水的清洁能力的要求更高一些。消费者可以先了解自己的发质，再有所侧重地进行选择。

2. 关注洗发水的成分

有些洗发水在包装上不会注明具体配料成分，但我们可以通过包装上的一些文字寻找到蛛丝马迹。例如，有些洗发水会标注含有何首乌、黑芝麻、人参、皂角、薄荷等中药成分。这时消费者就可以根据这些提示，选择适合自己发质的洗发产品。

3. 了解洗发水的 PH

现在大部分爱美的人士都喜欢烫发、染发等，殊不知，烫发、染发过程中所用的药水都属高碱性溶剂，会导致头发乃至毛囊受损。因此，受损发质最好使用中性或 PH 在 4.5~5.5 之间的弱酸性洗发水，借以中和碱性药水对头发的破坏作用，以保护头发的弹性。而皮肤易过敏、发质较差、易脱发的人，应该选择温和型的洗发水。

如何辨别洗发水质量的好坏

TIPS 1: 先看包装。一般好的洗发水的包装都很精致，做工很细，用的塑料材质比较硬，且色彩很正且柔和，接口处严密，无裂痕，上面的字印得很清晰。

TIPS 2: 闻香味。越好的洗发水味道越淡，而且越接近自然的味道，比如水果味，清淡不冲鼻，而且用过之后持久幽香。

TIPS 3: 看泡沫。 一般好的洗发水很好打泡，用一点点加一些水就能起很多泡沫，而且泡沫越细腻越好。

TIPS 4: 极易冲洗干净。好的洗发水，冲的时候很容易就冲洗干净，而且没有黏腻的感觉。

Quality

护发　哪种产品才是必需品

护发是洗发后很重要的步骤。每次洗完头发后，难免还有部分洗发产品残留在头发中，对头发本身的保护膜也有一定的损害，使用护发素既可以再次清除有害物质，还能在头发表面形成保护膜，避免外界的污染直接侵害头发。应该针对自身的发质情况来选择具有相应效果的护发素，不要贪恋太多功能而选择 2 合 1、3 合 1 功能的护发素。

护发小贴士

1. 如果想达到热蒸的调理效果，一定要购买注明了“热蒸型”或“美发店专用”的发膜产品，并配合加热工具使用。一般的加热帽轻便好用，能够满足居家做发膜的需求，推荐给真正想让秀发水润健康起来的女生。

2. 如果选购免蒸型发膜，比较保险的做法是选择有一定知名度的专业品牌。由于免蒸型发膜的功效不是很强烈，而且需经过一段时间才能看到效果，因此不误用劣质用品而伤害头发才是最重要的。

3. 如果觉得焗油膏、发膜的概念有点混淆，则不如具体细看产品的成分。圈定专业品牌后，再根据自己需要的营养成分来选择购买。专业品牌的产品能更好地保证标示的成分与实际相符，满足自你的需求。

4. 如果你是较粗的发质，经过多次染、烫受损后，头发变得色泽干黄，干枯得像稻草，应选择标示着“滋润”或“深层”字样的发膜产品。

5. 如果你是较细的发质，这种发质本身就存在易扁塌的问题，应选择标示着“恢复弹性”字样的发膜产品。细发质如果多次染、烫受损，会变得脆弱易断，应选择标示着“修复断裂”或“强化”字样的发膜产品，而角元素、蛋白分子也是强化发质的有效成分。

6. 如果你的头发刚刚染烫过，挑选发膜的时候最好选择含有橄榄油等滋润保湿成分的产品。染烫发膜能中和烫发产品残留的过氧化物，而过氧化物就是导致头发干枯的罪魁祸首。

头皮护理 给头皮最高级别的礼遇

美丽应该从“头”开始，呵护秀发就像呵护肌肤一样重要。清洗是护理头发的基础，护发之前必须洗发，这也是头皮护理最重要的一个环节。

头发护理小常识

误区 1：洗头时，总是对头皮又抓又抠，将洗发水直接倒在头上开始洗。

正解：应该是用指腹按摩洗净，如果用指甲可能抓伤头皮，甚至导致发炎、落发的严重后果！另外，洗发水要搓揉至起泡，才会有最佳的清洁效果。

误区 2：洗发时喜欢用热水。

正解：请尽量使用温水（30~40℃），用太热的水反而会带走保护头皮的油脂。

误区 3：洗完头发不吹干。

正解：即使你不喜欢吹头发，也至少要把头皮吹干，否则会因为潮湿而滋生细菌，头皮一样会生病。

误区 4：从来不替自己的头皮做深层清洁。

正解：两周一次替头皮做去角质的工作，可以帮助头皮代谢，毛囊也会变得健康。

误区 5：选购洗发产品时不太在意。

正解：应该根据自己的头皮状况和发质特点来选购洗发产品，这样才能使头皮更健康。

工具 梳一次美一次的神奇发梳

A. 造型梳（包括卷发梳、直发梳、刮蓬梳）

用途： 对头发做各种造型的辅助用梳。

适合： 对美发造型有要求、发质难打理的女生。

为了方便造型，造型梳的梳齿粗细、排列顺序一般都经过特别设计，不规则特异造型、使用频率高、材质耐热、能与吹风机配合是它们的特点。

B. 按摩梳（即气垫梳）

用途： 缓解头皮紧张、刺激毛囊再生、疏松发根、丰盈发量。

适合： 毛囊萎缩、发根垂塌及患神经性脱发的人。

气垫梳并不擅长梳顺头发，但是伸展的梳齿和弹性气垫可以刺激头皮血液循环。另外，不少木制梳齿采用了原生木的材质，梳齿本身就能吸油，有助于维持油性发质的健康。按照按摩舒适性来说，木制小针或圆头针的气垫梳是最好的，银针、硅胶针、鬃毛针略差。

C. 清洁梳（包括头发清洁梳、头皮清洁梳）

用途：去除头发和头皮上残留的造型产品碎末、粉尘污垢和头皮屑。

适合：经常使用定型产品（尤其是直接接触头皮的蓬蓬粉）的人。

头发清洁梳的结构常常是细密的针梳加上长形的手柄，通过磁场作用产生微电流，将头发上的污垢粉尘用电打掉，方便长发和头发浓密的人在洗头之前使用。而且头皮清洁梳通常采用舒适的硅胶梳齿，配合洗发水，可替代人的手。洗出来的头发不仅更有光泽，而且去屑能力比用手洗头要强。

D. 护理梳（养发梳）

用途：补充营养、强壮发丝、使头发润泽丰盈。

适合：发丝脆弱、发色不良、频繁烫染的发质。

护理梳泛指装载营养成分的梳子，这些梳子都有一个储存空间，使营养油可以随着梳理的动作渗入头发。

常见的护理梳一般都会选择以下成分。

椿油：即山茶油，它与人的皮脂结构几乎一致，能让头发变黑并且具有强韧发丝的效果，适合干性发质。

玫瑰精油：能修补发丝的分叉现象，使头发柔顺，油性不重，适合所有发质。

橄榄油：重点修复受损头发，滋润头皮和干枯的头发，适合频繁烫染导致严重受损的发质。

玻尿酸：给头发补充水分，迅速抚平毛躁，适合经常使用吹风机和蓄长直发的人。

Part 2 发饰运用

打造惊艳发型的秘密武器

发夹 巧戴发夹塑造田园少女风

1 从一侧耳后取两小股头发交叉拧转，发量不需要太多。

2 将头发拧转几圈后，用黑色小夹子固定在后脑处。

3 接着从另一侧同样拧转两股头发，并使得两侧对称。

4 然后用小夹子将两侧的头发固定在交接处。

5 最后再将蝴蝶结发夹夹在两侧头发相接的位置。

Feminty Hedonism

手中的花朵也不及少女的清甜芳香，只需一个小发夹就能够打造出田园少女风。

发带

神奇发带塑造古典风盘发

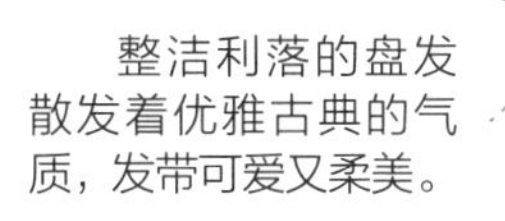

整洁利落的盘发散发着优雅古典的气质，发带可爱又柔美。

1 先将刘海收进头顶部位的头发里，然后向一侧拧转。

2 将头发拧转至耳朵后方，用小夹子固定好后，别上发带。

3 从另一侧的耳后取一股头发，拧转到相反的一侧。

4 再将两侧的头发结合在同一侧编辫子。

5 最后把辫子盘在耳朵下方的位置，用小夹子固定好。

Fashion

1 先整理出刘海位置的头发，并轻轻地拧转。

2 将头发拧转到耳朵的位置，再拉扯几次。

3 把头发拨到拧转刘海的一侧，刘海可以先用小夹子固定在耳后。

花仙子般的清新迷人，仿佛置身鲜花丛中的美丽精灵。

4 再把编得比较松散的辫子编至发尾，用橡皮筋固定好。

5 最后把小边夹直立固定在耳朵上方的位置即可。

头花 塑造热情似火的夏威夷束发

1 整理出刘海以及头顶中央的头发。

2 将这一股头发拧转成圈状，再把发尾隐藏起来。

3 将剩余的头发拨到同一侧，然后开始编辫子。

4 用头花把辫子固定在耳朵的下方。

5 最后调整好头花的位置即可。

带有夏威夷风情的头花，让你看起来更加别致又充满活力。

头箍

利用头箍突出发型蓬松度

SIDE

减龄效果十足的头箍，让你看起来有一种略带羞涩的少女气质。

1

先将头顶的头发整理出来，用梳子向上梳起。

2

微微拉动这股头发后，从后脑处开始拧转。

3

然后用小夹子把头发固定在后脑处。

4

别上发箍，注意让头顶的头发微微拱起。

5

最后，再用卷发棒打理剩余的头发即可。

发圈 用荧光色打造的清爽运动发型

1 用夹子固定头顶处的头发，用卷发棒分层卷曲刘海。

2 用发圈在头顶处扎一小股马尾，略微靠侧边一些。

3 再用另一根发圈环绕着绑在马尾的一小股头发上。

4 接着使用不同色彩的发圈，继续绑另一小股头发。

5 最后拉扯调整好发圈的位置即可。

缤纷夏日的活力少女，充满清爽的运动感。

发抓 美感加倍的不对称发型

文艺气息中又带有甜美可爱感，发抓就能打造这样的气质。

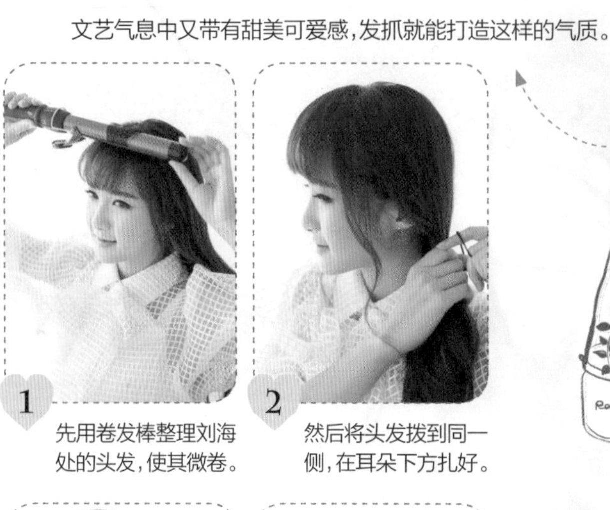

1 先用卷发棒整理刘海处的头发，使其微卷。

2 然后将头发拨到同一侧，在耳朵下方扎好。

3 逆时针拧转头发，直至发尾处。

4 将拧转好的头发向上盘起到耳朵下方。

5 最后再用发抓固定好头发。

假发发圈 让人过目难忘的公主马尾

既俏皮可爱又简单又大方的马尾，让你立刻变身令人过目不忘的小公主。

1 用梳子整理出刘海以及头顶处的头发。

2 从耳朵的位置开始轻轻地拧转头发。

3 将拧转好的头发折到头顶的位置，并固定好。

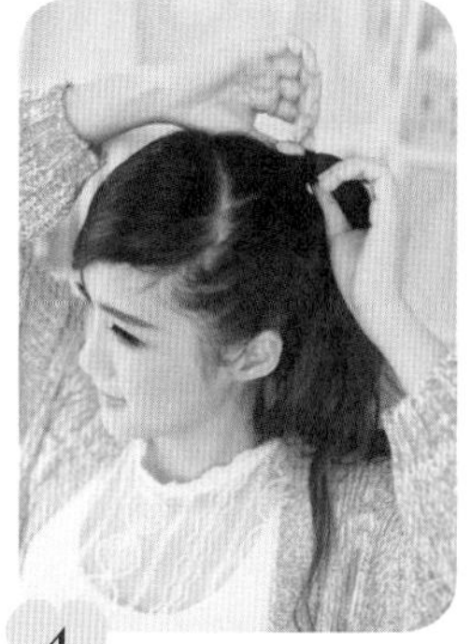

4 用黑色的发圈把剩余的头发扎成马尾。

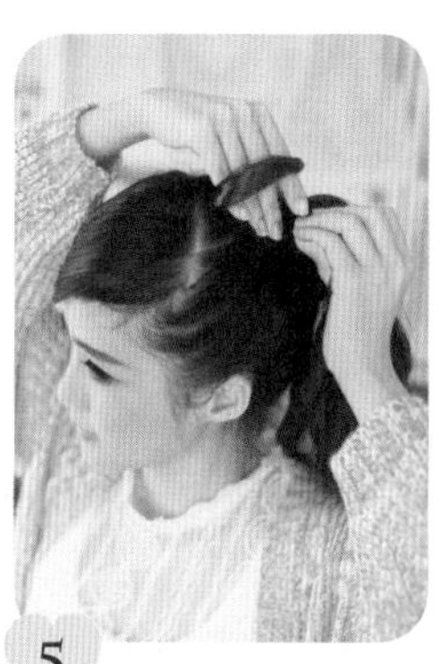

5 最后使用假发发圈把黑色发圈覆盖住。

Part 3 变发工具

速成完美发型的专业工具

卷发棒　适合每天出门的轻柔空气卷

1 先用小夹子将耳朵以上部分的头发固定好。

2 在侧面取一小股头发，开始用卷发棒卷曲。

3 继续完成剩余头发的卷曲，卷发棒略微倾斜。

4 接着打理上半部分的头发，不必卷曲至发尾。

5 然后用梳子倒梳发根，增加蓬松感。

6 再次处理两侧刘海位置的头发，使其更自然。

7 所有的头发卷曲好后，轻轻地拉扯整理。

8 最后喷洒上定型喷雾即可。

浪漫轻盈的卷发让你的气质变得更加优雅。

锥形自粘卷 塑造柔美卷度的秘密武器

1 将耳旁的一股头发环绕在锥形自粘卷上。

2 将吹风筒对着自粘卷，用热风吹约 30 秒。

3 松开自粘卷，将头发编小股的辫子。

4 将两侧耳朵处的头发编成两股辫子后，在头发后方固定好。

5 最后再别上蝴蝶结发箍就完成了。

柔美可爱的公主气息，卷发让你更有魅力。

斜刘海造型卷 立刻拥有女神弧度

1 使用斜刘海造型卷来卷曲刘海处的头发。

2 然后将剩余的头发拨到同一侧编辫子。

3 轻轻地拉扯编好的辫子，使其略微松散。

4 然后将辫子像发箍一样环绕在头上。

5 最后用黑色的小夹子固定好辫子。

女神般没有丝毫破绽的发型，让你散发着令人倾心的优雅魅力。

刘海增高垫　告别扁塌，拥有饱满刘海

1 将刘海处的头发分成两层，把刘海增高垫藏在其中。

2 用头顶处的头发覆盖增高垫后，沿着头发边缘编辫子。

3 把辫子固定好，再将兔耳朵发带别在头发上。

4 将剩余的头发拨到同一侧，用辫子将其环绕。

5 最后将辫子的发尾用小夹子固定好。

让你更加充满生机活力，发型饱满度满分。

蓬发增高垫 告别逆梳伤发

1 拨开头顶处的头发，将蓬发增高垫放在头顶略靠后的位置。

2 再用拨开的头发覆盖在增高垫上，并拧转固定好发尾。

3 从两侧耳朵后方取两股头发，集中到头发后方。

4 将两股头发用橡皮筋扎好，并微微地拉扯。

5 最后在橡皮筋的位置别上蝴蝶结发饰即可。

饱满的发型让你看起来充满智慧，气质温文尔雅。

海绵盘发器 打造清新利落的盘发效果

1 先从一侧额头的位置开始编辫子，辫子不必过紧。

2 辫子至耳朵后方固定好后，用海绵盘发器固定好剩余的头发。

3 将头发环绕在海绵盘发器上，缠至耳朵下方的位置。

4 然后将海绵盘发器绕成圈形，同样置于耳朵后方。

5 最后用夹子将盘好的头发固定好。

SIDE

利落盘发，让你立刻变身优雅女王，简洁的发型同样不输气质。

丸子头盘发器 5分钟打造可爱丸子头

1 首先将刘海处头发的发尾卷曲成圈形，再用小夹子固定好。

2 然后将剩余的头发穿过丸子头盘发器，固定在头顶处。

3 把头发分散环绕在整个丸子头盘发器上。

4 将剩余的头发绕住丸子头，并用小夹子固定好。

5 最后别上兔耳朵发带，发型就完成了。

带有复古气息的丸子头，立体可爱的造型十分别致。

1 先整理出头顶处的头发，用梳子打理整齐。

2 然后在后脑的位置拧转几下，用黑色小夹子固定好。

3 轻轻地上下扯动头发，使头顶更有蓬松感。

4 从一侧耳朵后方取一小股头发。

5 再从另一侧取一股头发，两股头发交叉固定即可。

甜美的弧度让你更具浪漫气质，恬静优雅。

户外郊游　率性派刘海丸子头

1 戴上一条简单的发带，然后用梳子轻轻挑起刘海处。

2 调整好发带的位置，同时让刘海处微微蓬松。

3 将头发用橡皮筋扎成略高的马尾，并用小夹子加固。

4 分别取多股头发，将其环成圈状后夹到马尾根部。

5 最后再调整好整体丸子头的位置，轻轻拨开头发即可。

简洁利落的丸子头，轻便可爱，又充满活力感。

拜访客户 皇冠式小卷低马尾

1 首先将发箍固定好，可选择简约大方型的发箍。

2 将耳朵以上部分的头发在后脑的位置拧转并固定。

3 从左耳后方取一股头发，扎在拧转的头发的下方。

4 再从右耳的位置取一股头发扎好，并调整好头发即可。

很有女王范儿，气场十足，但是同样不缺柔美的亲切感。

面见家长

乖巧侧扎双层发辫

1 首先选择甜美可爱的发带戴上，留出刘海的发量。

2 再将耳朵以上部分的头发在后脑的位置拧转并固定。

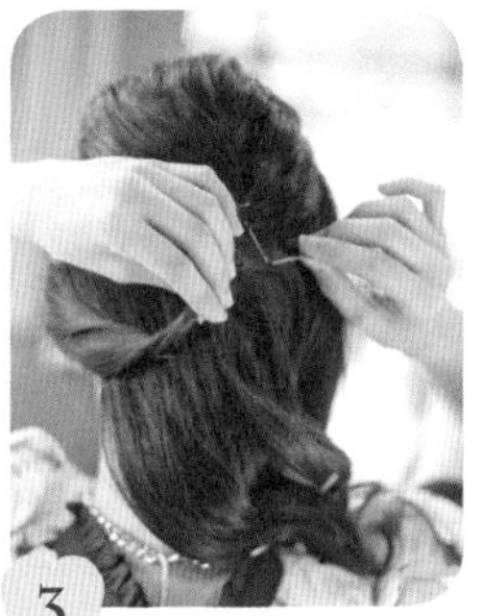

3 从左耳后方取一股头发，扎在拧转的头发的下方。

4 然后从左耳靠下的位置取一股头发，扎在上一股头发的位置。

5 最后再从右耳的位置取一股头发扎好，并调整好头发即可。

乖巧甜美的模样又带有柔美感，恬静的气质十分讨人喜欢。

1 从头顶处左上方取一股头发，拧转成猫耳的形状并固定好。

2 用同样的方法做出右侧的猫耳，并固定好。

3 从左侧猫耳下方取一股头发，拧转后扎在猫耳下方。

4 从右耳取一股头发，扎在左侧头发的下方即可。

SIDE

可爱的猫耳让你变得俏皮起来，搭配妆容和首饰又增添复古华美气质。

参加婚礼

复古风猫耳半盘发

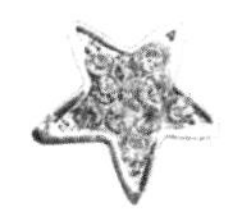

周末派对 帆形刘海欧式马尾

1 把头发从一侧额头处开始侧分，将前额的头发拧转。

2 拧转后将头发从额头另一侧提起并轻轻拉松。

3 用黑色小夹子将发尾固定在头顶处。

4 将耳朵以上的头发扎成马尾，靠近拧转的头发。

5 最后将马尾拧转，扎在头顶处，留出适当的发尾即可。

个性十足的帆形刘海充满魅力，你一定能在周末派对上成为众人的焦点。

户外运动　莫西干式立体盘发

1 在头上扎好马尾后，用细口梳倒梳头发，使其更加有蓬松感。

2 然后根据马尾的长度，将马尾根部在发圈的位置适量地绕几圈。

3 把马尾拨到头顶靠近刘海的位置，根据自己的发量来调节长度。

4 用U形夹将马尾的侧边夹好，注意用表层的头发遮掩住夹子。

5 最后再调整发尾处的碎发，同样用U形夹来调整发型。

帅气别致的盘发，让整体脸部轮廓变得更加精巧，整个人都散发着青春气息。

异性约会

柔美系带式侧扎发

1 先用卷发棒卷曲头发，让整体头发呈现出柔和的曲线。

2 然后从两侧耳后各取一股头发，在后脑的位置交叉。

3 用黑色的小夹子将两股头发固定好。

4 将发带从两侧头发中穿过，注意手法要轻柔。

5 最后将发带在一侧耳朵的后下方扎好即可。

柔美的发带让发型充满春天般的暖意，明快的色彩带着夏日的活力。

改变发型是最简单、效果最立竿见影的变美的方法。改变发型对整个人气质的改变有巨大的作用，让发丝在自己手中如魔法般百转千回，最后别上一枚画龙点睛的发卡，整个人仿佛被瞬间点亮。

Chapter 4

美甲篇

低头看看你的指甲，是不是边缘粗糙、色泽暗淡？如果确定是这样的情况，那么你真的应该好好关心它、打理它了，不管是人生的哪一个“战场”，它都能够让你更加出彩。漂亮干净的指甲是流连在指尖的倾心，跳跃的色彩让你看起来更加精致柔美。

Part 1 修甲基础
打理素雅双手的基本技巧

工具 修甲、美甲的必备工具

修剪指甲是美甲的第一步，只有将指甲修剪出合适的形状，才能打造出各种美甲造型。而打磨指甲则是美甲过程中必不可少的关键一步，正确的打磨不仅可以修饰甲形，同时还能让甲面获得持久的健康光泽。通常来说，在日常修剪指甲和打磨指甲之前，需要准备以下工具。

指甲锉

用于修整指甲前缘不柔和处，以及帮助修剪后的指甲锉出合适甲形。按照质地可以将指甲锉分为海绵锉、钢锉、彩条锉等；而按照形状，指甲锉有方形、方圆形、椭圆形、尖形、圆形、喇叭形之分。在使用中大家可以根据自己的手形，选取最上手的指甲锉。

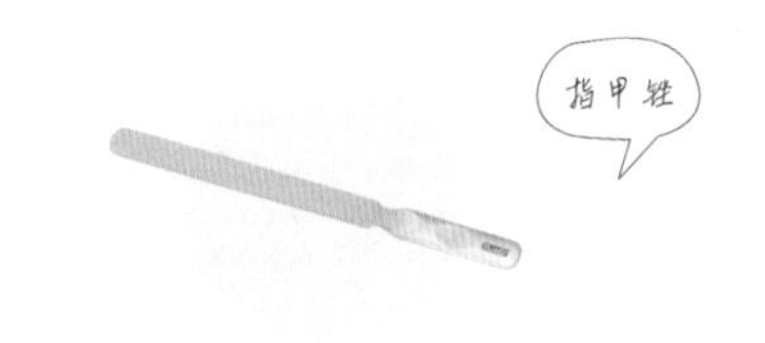

指皮推

一般用于推起指甲后缘多余的指皮，只需轻轻施力就能将后缘不整齐的指皮推出柔和的圆形，而多余的指皮在推的过程中会翘起来，稍后用指皮剪再修剪一下，后缘会更加整洁好看。需要注意的是，推指皮时手法要轻柔，不要一次推太深， 否则会伤到指甲后缘的真皮层。

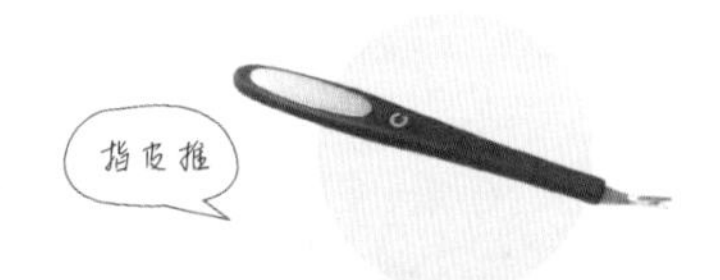

指皮剪

用于剪去多余的指甲皮，同时把刚刚推起来的死皮和肉刺一一剪掉，被誉为指甲修剪工具中的 “清道夫”。指皮剪的外观看起来像小钳子，使用前一定要借助指皮推，这样在修剪时才能更准确。

指甲剪

用于修剪各种形状的指甲，一般有平口剪和斜口剪两种。使用时，用大拇指和食指握住指甲剪柄，略微施力便可以修剪出合适的指甲长度。

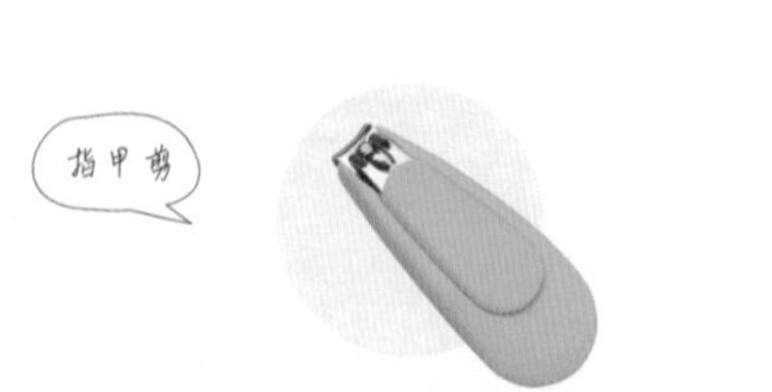

打磨指甲必备工具

砂棒

用于去除指甲表面的凸起处和指皮上的污点。使用时，用拇指和食指捏住砂棒，力度适中，轻轻磨去指甲表面的凸起处，注意既要打磨指甲表面的不平之处，同时还要以不伤害甲面与指皮为前提。

砂锉

用于打磨整体甲形，砂锉一端颗粒较粗，一端颗粒较细。使用时，先用颗粒较粗的一面粗略打磨，然后再用颗粒较细的一面细致打磨。

磨甲棒

用于修整指甲长短和修磨甲面形状，其外形两端宽、中间窄，使用时呈 45 度角朝一个方向修磨效果最佳。

抛光锉

用于打磨抛光甲面，通常分有黑、白、灰三面，黑色面可以抛去指甲表面角质，白色面可以把指甲表面磨得更细腻，灰色面可以把指甲表面抛光。

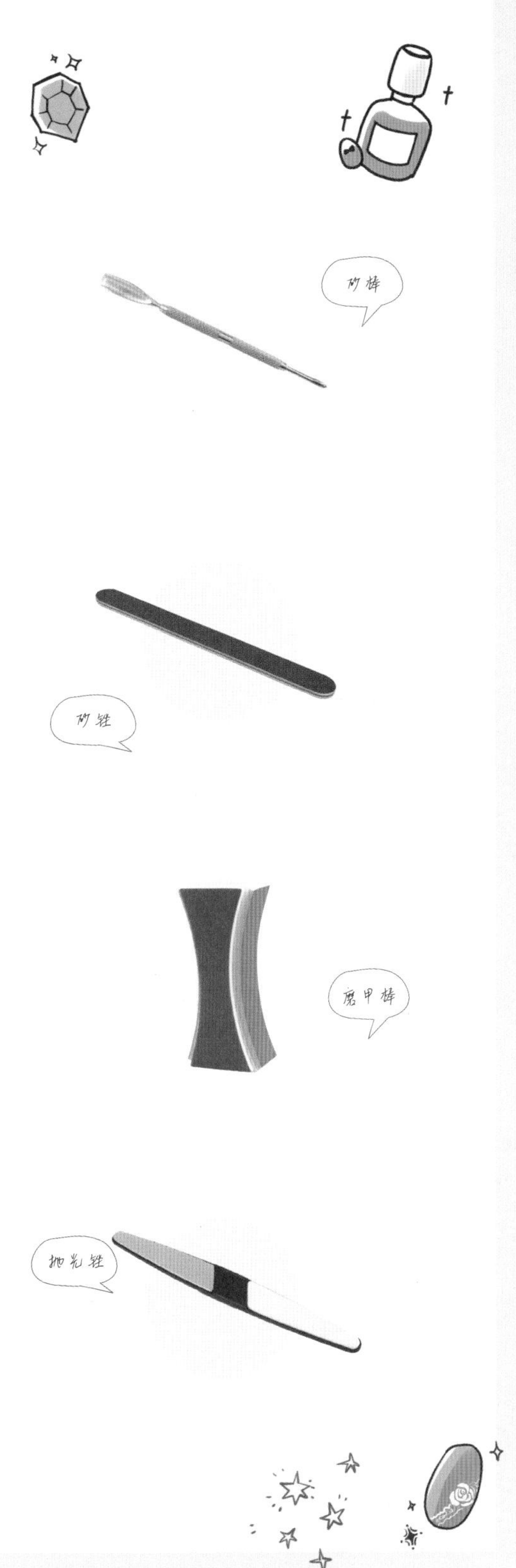

材料　美甲必需的加分材料

想让美甲变换各种不同的风格和图案，美甲材料不可或缺。它不仅能让单调的美甲锦上添花，还会激发你的创造热情。常用的美甲材料分为基本材料和装饰材料两大类。

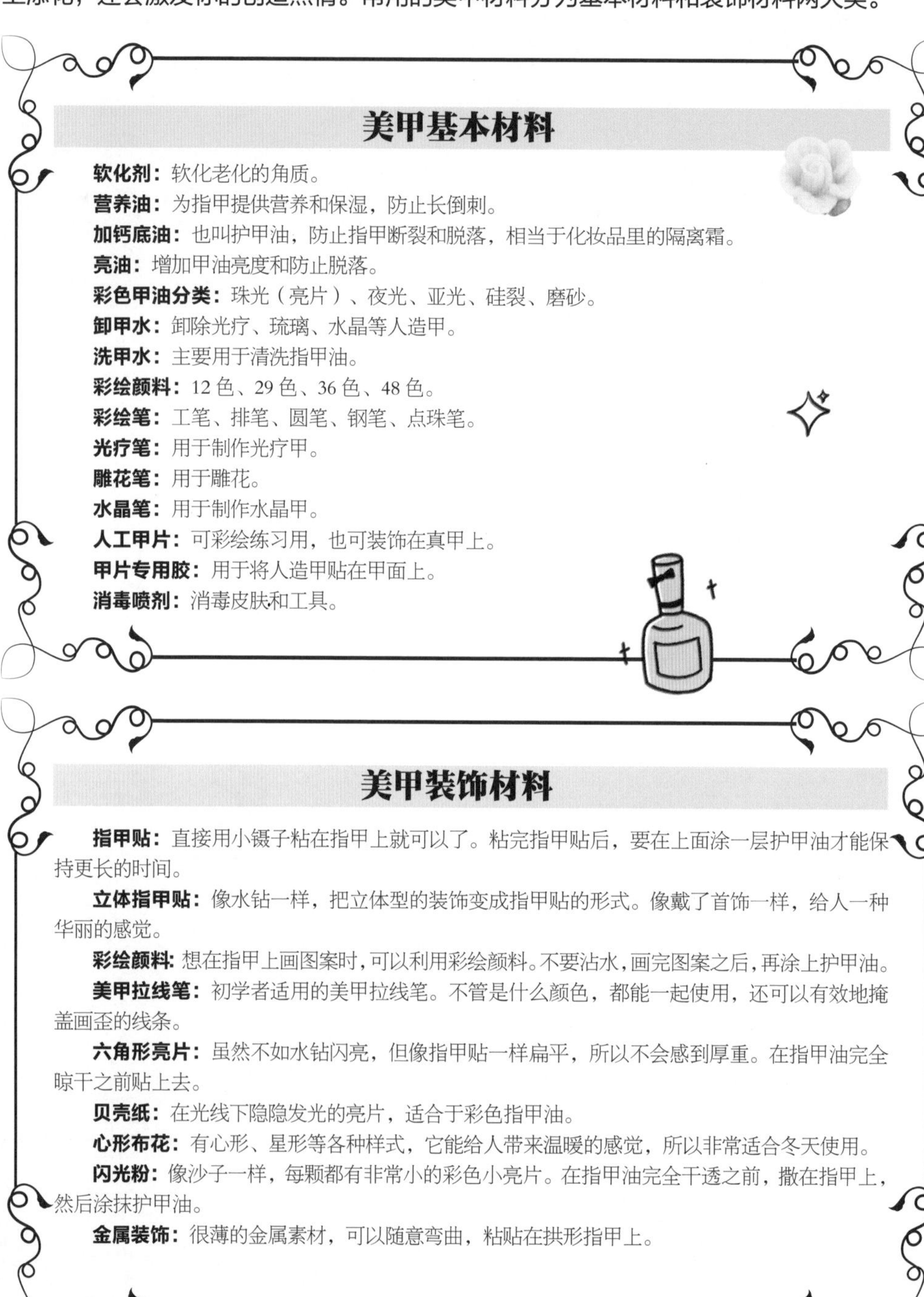

美甲基本材料

软化剂：软化老化的角质。

营养油：为指甲提供营养和保湿，防止长倒刺。

加钙底油：也叫护甲油，防止指甲断裂和脱落，相当于化妆品里的隔离霜。

亮油：增加甲油亮度和防止脱落。

彩色甲油分类：珠光（亮片）、夜光、亚光、硅裂、磨砂。

卸甲水：卸除光疗、琉璃、水晶等人造甲。

洗甲水：主要用于清洗指甲油。

彩绘颜料：12 色、29 色、36 色、48 色。

彩绘笔：工笔、排笔、圆笔、钢笔、点珠笔。

光疗笔：用于制作光疗甲。

雕花笔：用于雕花。

水晶笔：用于制作水晶甲。

人工甲片：可彩绘练习用，也可装饰在真甲上。

甲片专用胶：用于将人造甲贴在甲面上。

消毒喷剂：消毒皮肤和工具。

美甲装饰材料

指甲贴：直接用小镊子粘在指甲上就可以了。粘完指甲贴后，要在上面涂一层护甲油才能保持更长的时间。

立体指甲贴：像水钻一样，把立体型的装饰变成指甲贴的形式。像戴了首饰一样，给人一种华丽的感觉。

彩绘颜料: 想在指甲上画图案时，可以利用彩绘颜料。不要沾水，画完图案之后，再涂上护甲油。

美甲拉线笔：初学者适用的美甲拉线笔。不管是什么颜色，都能一起使用，还可以有效地掩盖画歪的线条。

六角形亮片：虽然不如水钻闪亮，但像指甲贴一样扁平，所以不会感到厚重。在指甲油完全晾干之前贴上去。

贝壳纸：在光线下隐隐发光的亮片，适合于彩色指甲油。

心形布花：有心形、星形等各种样式，它能给人带来温暖的感觉，所以非常适合冬天使用。

闪光粉：像沙子一样，每颗都有非常小的彩色小亮片。在指甲油完全干透之前，撒在指甲上，然后涂抹护甲油。

金属装饰：很薄的金属素材，可以随意弯曲，粘贴在拱形指甲上。

修形　修整五种基本甲形的步骤分解

美甲前，我们首先要给指甲修形。各种修饰的造型在指前端弧度上发生变化，椭圆的更柔美，方形的更干练，传统法式的圆角方头很优雅。不一定要花很多时间和金钱去美甲店，在家里闲暇时，也可以一边看电视一边护理，同样可以达到不错的效果。

五种专业指甲形状是指椭圆形（Oval）、方形（Square）、方圆形（Squoval）、圆形（Round）和尖状（Almond/Point）。下面，分别来了解一下每一种形状的指甲所蕴含的气质，以及具体的修剪方式。

方圆形（Squoval）

这种指甲形状介于椭圆与方形之间，结合了椭圆形指甲的优雅与方形指甲的雄厚，是一种流行于大部分人指尖的指甲。想获得这种形状的指甲，指甲两边的角度比椭圆形指甲倾斜度要稍小，转角弧度比方形指甲要稍大。

椭圆形（Oval）

椭圆形指甲看起来很优雅，由宽到窄的形状，使指甲看起来更优美细长。为了得到完美的椭圆形指甲，修剪的时候一定要注意两边倾斜度要保持一致，转角的圆形角度也要保持大小一样。

圆形（Round）

圆形指甲是最保守的一种指甲形状，它使指甲看起来更短更小巧，也是那些喜欢短指甲的女生最理想的一种指甲形状。想获得这样的指甲很简单，剪去多余指甲，将每个角落磨圆就可以了。

方形（Square）

方形指甲是典型的法国流行指甲形状，它往往使指甲看起来既短又宽。方形指甲是指甲宽的女生的理想选择。要创建方形指甲形状，最重要的一点就是将指尖剪成一条线，注意要与指甲边缘保持一个垂直的角度，然后两边稍做圆角修饰。

尖状（Almond /Point）

尖锐的指甲一般流行于指甲艺术设计行业，特别是在东欧和亚洲。因为造型前卫，深受女星们爱戴。日常生活中这种尖锐的指甲形状并不是很方便。

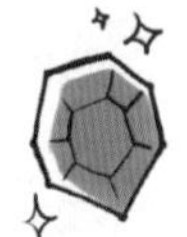

各种甲形的修饰技巧

方形甲修甲技巧

Step1：用砂锉紧贴指甲的两侧垂直磨。

Step2：将顶部磨平，“拐角”是完全尖尖的，只要光滑就可以。

方圆形甲修甲技巧

Step1：用砂锉紧贴指甲的两侧垂直磨。

Step2：将顶部磨平，“拐角”处要磨出一个微微的圆弧。

圆形甲修甲技巧

Step1：用砂挫磨指甲两侧的时候不要垂直，而要有角度地切入，但角度不宜太大。

Step2：用砂挫轻轻划过有棱角的地方，修成一个光滑的弧度。

尖形甲修甲技巧

Step1：砂挫的平面和指甲边缘呈 45 度角，分别摩擦两边。

Step2：用砂挫较细的一段将指甲打磨光滑，顶部不要磨成圆形，仍然保持尖尖的。

Tips

每个边缘都只能磨一次，而且必须顺着一个方向，切忌反反复复来回磨，否则会把指甲边缘弄得很毛糙。

抛光 打造焕发完美光泽甲面的技巧

为了美观，美甲师会用专门的细砂皮和人造麂皮棒来抛光手指甲。这两样工具对于不平整的指甲表面具有明显处理效果，能将指甲面处理得光滑细致，短时间内即可见效。

抛光指甲使用的工具

三色抛光条，顾名思义就是具有三面抛光作用的条状物，它是做专业甲护时必备的修甲单品。在外形上，三色抛光条含有三个抛光面，颜色上有黑色、白色和灰色三种。

黑色面：用于打磨波浪纹路。
白色面：用于增强指甲光泽度。
灰色面：用于最后的抛光。

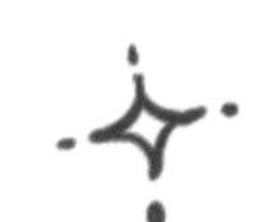

使用技巧：

不论用三个抛光面的哪一面抛光指甲，都要做到快、准、轻。快是打磨的单次速度要快，一手拿住抛光条快速抛光指甲表面，来回 3~4 下，抛光条抬起，一次抛光结束。这样做可以让指甲抛光的效果更好，指甲在抛光后可以有玻璃感的光泽度。准是要对准指甲再下手抛光，千万别伤到指甲周围的皮肤组织。轻是抛光的力度要轻，以指甲表面有热感为止，否则会伤到指甲下的皮肤。

作用：

1. 打磨指甲表面粗细纹理，增强指甲光泽感。
2. 防止指甲剥皮和裂开。

打造焕发光泽的甲面

1

先用最粗面轻抛数次，去除甲面纹路，将指甲表面暗淡的角质层轻轻磨掉。

2

由最粗面到次粗面直至柔细面抛光，打滑时的力度不宜太大，将指甲磨到平滑的程度即可。

3

接着再依序用抛光棉的第三面和第四面为指甲抛光，如此可让指甲看起来光亮无比、干净健康。

死皮 彻底清除甲周角质死皮

指甲边缘常常会产生很多死皮，这是肌肤干燥或身体缺少维生素所致。死皮不仅影响手指的美观，若不及时处理，还容易导致指甲边缘形成倒刺，让周围肌肤受伤。因此，需要及时处理指甲周围的死皮、硬皮以及倒刺，保持指甲四周的肌肤健康细腻。

完美养护 造就柔嫩双手

Step 1：软化角质

在温水中滴入适量橄榄油，把双手完全浸入，保持 15 分钟，这样做可改善皮肤干燥粗糙现象，使角质软化。

Step 2：深层清洁

取少量去死皮霜或磨砂膏均匀涂抹双手，然后轻轻按摩整个手掌及手腕，尤其是指甲周围容易产生死皮及倒刺的部位，可趁机修剪指甲，指甲不易断裂。

Step 3：手部按摩

均匀涂上按摩霜，先从手背指尖开始按摩到手指根部，动作要从容而柔和；然后以螺旋状方式按摩手掌，并用指关节轻按手心上的穴位；最后用食指和中指夹住手指，从根部向指尖螺旋状旋转拉伸，每一根手指都要按摩到。

Step 4：手部健美操

把双手平放在台面上，轻轻地向下压，每次举起一个手指，尽量举高，伸展手掌和手指，可使双手轻快敏捷；双手高举过头，握紧拳头，然后尽量向外伸展每根手指，做 5 分钟，可改善手背青筋暴露的状况，缓解紧张，使手部柔软。

Step 5：完美保护

最后涂上护手霜，轻轻按摩，再套上棉质的手套睡觉，第二天你就会发现手上的皮肤变得细腻柔软。

倒刺　零刺激去除碍眼的甲面倒刺

手指长倒刺确实很常见，但绝大多数都和缺乏维生素无关，而是由于物理摩擦或洗手过多所致。特别是干燥的冬天，很多人指甲周围的皮肤都会长倒刺，如果随便去撕，很容易引起皮肤创口扩大，从而增加皮肤感染、甲沟炎等并发症的风险。

甲周倒刺是怎么来的？

甲周皮肤与手部其他部位的皮肤结构略有不同，覆盖甲板近端 1/4 的称为近端甲褶，这部分皮肤缺乏毛囊，没有皮纹和皮脂腺，较手、足指皮肤薄，是炎症、化学刺激、过敏反应的常见入口。

甲周的倒刺 (学名为“逆剥”) 就是一种常见的甲周皮肤问题。倒刺的形成是角质层过于干燥而发生分离所致，多有近期劳动、参加球类体育活动、洗衣服等诱因。角质层是皮肤最表层的一层薄薄的“死皮”，是皮肤的第一道屏障。角质层表面有一层皮脂，是皮肤的天然保湿剂，可以减少角质层水分蒸发，保证其适当的含水量，使角质层和下面的皮肤紧密贴合在一起。肥皂、洗涤剂、物理摩擦等原因除去了皮肤表面的皮脂，会导致角质层失去保护，使角质层水分蒸发过多，从而出现干燥和剥离。

零刺激去除碍眼倒刺 TIPS

1. 不要揭下或撕掉倒刺，这可能会导致皮肤撕裂和感染。
2. 用锋利且清洁的指甲剪整齐地剪掉倒刺。
3. 每次洗完手后，立即用护手霜涂抹均匀。

甲油　零失误的甲油上色方法

指甲油总是涂抹得不匀称？很可能是你的方法出了问题，“按部就班”有时候也是可取的方式，正确的涂抹步骤能够让指甲油安分、均匀地待在指甲上。

甲油上色方法

Step 1：上底油（或营养油）

将底油均匀地涂在指甲表面，待底油干后，再进行下一步甲油的涂刷。这个步骤可以对指甲起到保护的作用，减小甲油对指甲的伤害。

Step 2：上甲油

先将适量甲油点在靠近指尖处，进行指尖处的第一次涂刷，刷甲油从根部向指尖进行涂抹，可以使颜色看起来很均匀。

Step 3：指面上色（指甲中间部位）

涂指甲最忌讳的是不断来回涂刷，这样不但不能让颜色变得更加均匀，反而会把已经上好的颜色再破坏掉。最好以中间、左、右这三笔来完成上色的动作。

Step 4：指面上色（指甲两侧部位）

先在中间涂抹一道甲油之后，由中间向两侧均匀涂抹，可以稍微用力使刷子面积扩大，让边缘涂抹得更细致，避免留出空隙。

Step 5：第二次上色

待第一次涂上的指甲油八成干的时候，就可以进行第二次上色。第二次上色的作用是为了让指甲的颜色看起来可以更加饱和，而且，经过两次上色后所呈现出来的颜色才是理想的颜色。

Step 6：清除杂色

用棉花棒轻轻擦除涂刷在指甲边缘上的指甲油，注意不要触碰到指甲面上的甲油。

Step 7：涂亮光油

上色动作结束之后，再刷上亮光油，让指甲的颜色更加鲜艳，并增加指甲的光泽度。

卸甲　无残留清除甲面密招公开

正确地卸除指甲油，才能够更好地保护指甲。因为任何一款指甲油都不同程度地含有化学成分，特别是长期使用甲油的女生更应该细心卸甲，健康养护指甲。

卸除甲油方法之：棉球卸除法

Step 1： 首先将双手用温水洗净，并在温水中浸泡 1~2 分钟。

Step 2： 用棉花球浸透卸甲水，使用安全、柔和材质的棉花球。

Step 3： 从左手小手指开始，将棉花球轻轻按压在指甲表面，停留 1~2 分钟。

Step 4： 先左右来回擦拭 3 次，再从指甲后部向前擦拭，同时保持对指甲表面的轻微压力。

Step 5： 在所有手指上完成上述步骤，也可以同时将棉花球敷在多个手指上。

卸除甲油方法之：棉花棒卸除法

Step 1： 首先将双手用温水洗净，并在温水中浸泡 1~2 分钟。

Step 2： 用干净的棉花棒浸湿卸甲水，不建议选择过于柔软的棉花棒，否则不便于操作。

Step 3： 用握铅笔的方法握住棉签，并使之与手指呈 45 度角，将浸透洗甲水的棉签从指间到根部来回擦拭指甲表面。

Step 4： 然后沿着指甲边缘清除残留在甲沟内的指甲油，这一动作能够更好地清除甲油。

Step 5： 换取新的棉签之后，继续清理剩下的手指。

卸甲时常常容易忽略的步骤

1. 卸甲之前需要清洗手部，这是为了更好地清除甲油。同样的，卸除甲油之后，也应该用温水认真地清洗双手，保证残余甲油能够得到彻底的清除。

2. 完成卸甲工作之后，应该使用护手霜，并且对手部进行适当按摩，这样既可以放松手部，又能够更好地保护手指。

Part 2 美甲范本
发挥小小甲片的无限可能

上班 上班族偶尔也需要小华丽

枯燥的办公环境常常让人透不过气，换一款小华丽风的美甲，让自己的心情好起来吧。法式简约美甲混搭小华丽的装饰，总体十分协调，在办公室中不会显得过于夸张。这款美甲有股美化双手的神奇力量，可以将手指修饰得更纤长。

素雅的颜色搭配日常的上班装束，既不会太抢眼，又恰到好处，贴钻的装饰使得指尖的时尚感倍增。

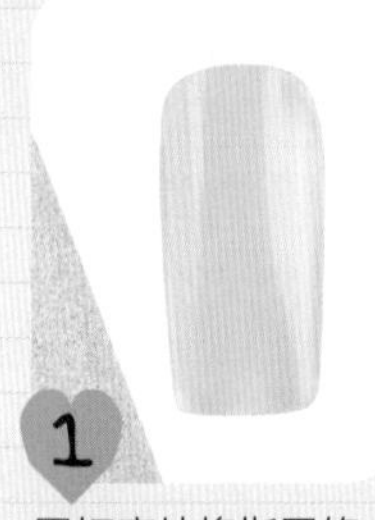

用打磨片将指甲修成方形，棱角保持微微的圆弧。

用白色甲油在甲尖涂出一个小三角形。

用深紫色甲油叠涂在白色甲油上，同样涂出一个小三角形。

待甲油干后，用牙签蘸上胶水，轻轻点在白色甲油表面。

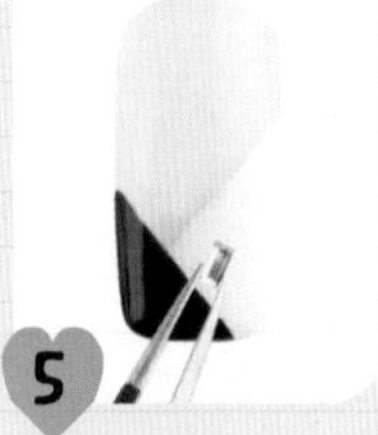

用镊子夹一颗方形贴钻，贴在之前点过胶水的地方。

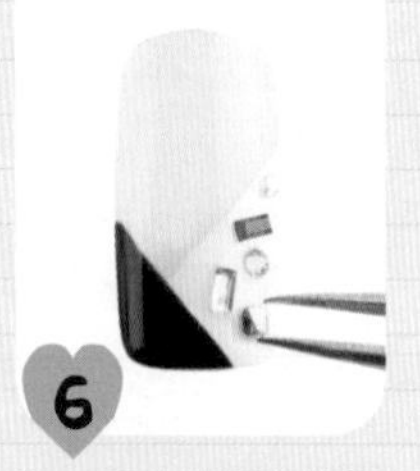

选一颗大小适宜的圆形铆钉，贴在白色甲油表面。

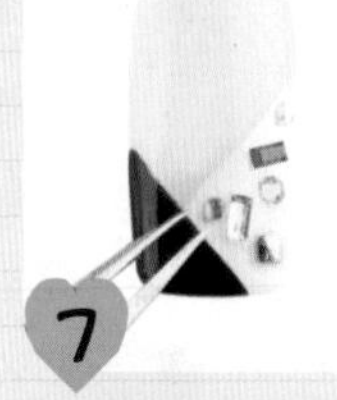

用同样的方式将形状不一的贴钻，分别无规则地贴在白色甲油表面。

等贴钻的胶水变干后，在全部甲面涂上一层亮甲油即可。

休闲　休闲工作两相宜的简约风

潮流复古风劲吹的今天，美甲图案也受到了复古风的影响，这款美甲图案以单色作为底色，利用铆钉元素点亮整体，充溢着复古风格。无论是平时上班还是周末聚会，这款美甲都很适用，算是一款百搭型的美甲，可以很好地衬托出知性气质。

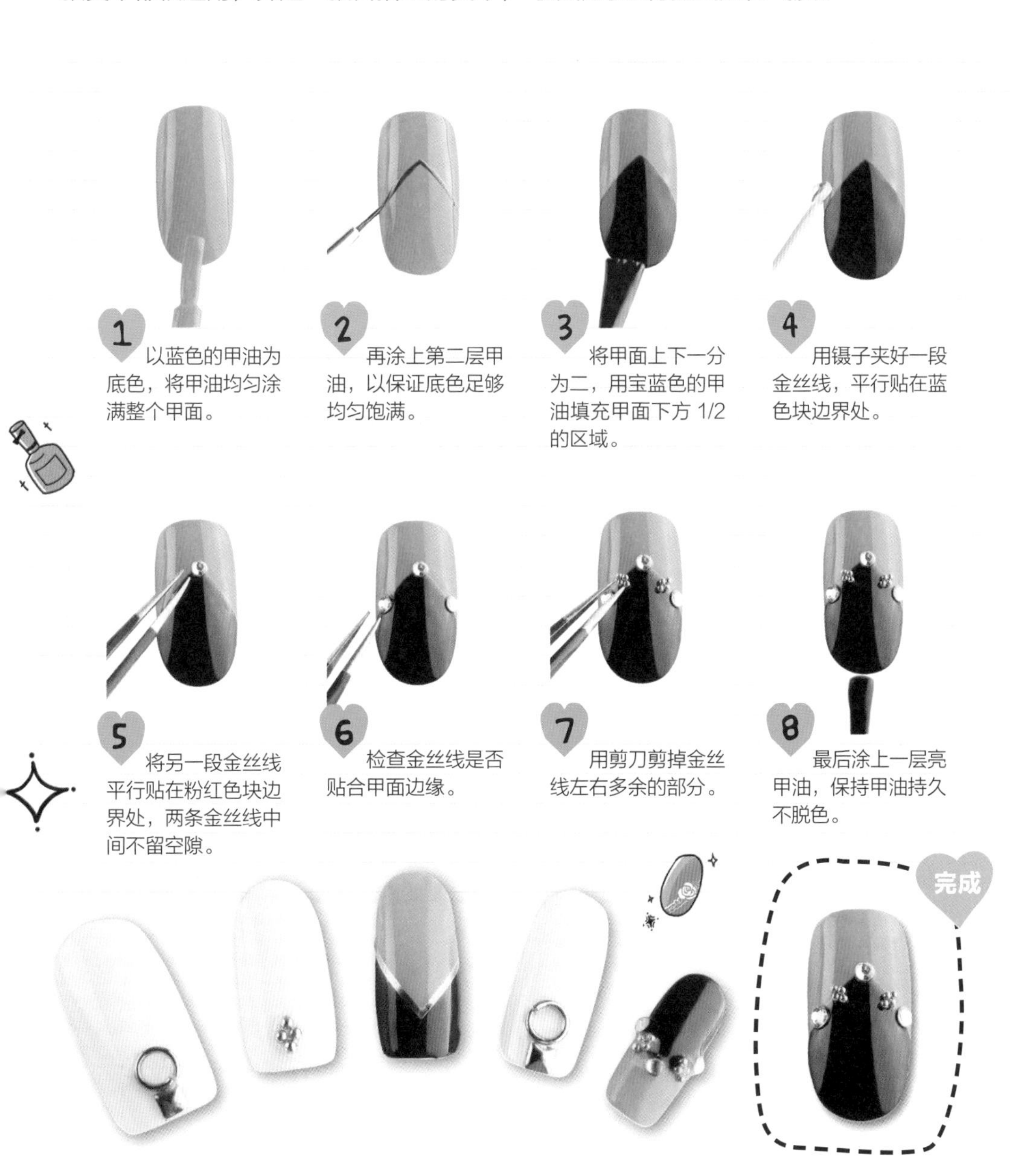

1 以蓝色的甲油为底色，将甲油均匀涂满整个甲面。

2 再涂上第二层甲油，以保证底色足够均匀饱满。

3 将甲面上下一分为二，用宝蓝色的甲油填充甲面下方 1/2 的区域。

4 用镊子夹好一段金丝线，平行贴在蓝色块边界处。

5 将另一段金丝线平行贴在粉红色块边界处，两条金丝线中间不留空隙。

6 检查金丝线是否贴合甲面边缘。

7 用剪刀剪掉金丝线左右多余的部分。

8 最后涂上一层亮甲油，保持甲油持久不脱色。

简单的图案反而显得更时尚，且操作起来更方便、简单。在甲面上贴水钻是一个明智之举，可以掩饰歪歪扭扭的分割线。

会友　极具好人缘的桃粉色美甲

很久没见面的老同学突然说出来聚一聚，选择这款桃粉色的美甲吧，让同性觉得你亲切大方，异性觉得你独具品位又不失可爱，说不定还能让你的“桃花运”速速奔来哦！甲面的图案是利用细线条勾勒出色块，既不会显得过于隆重，又恰到好处地体现了简单大方的气质。

1 用打磨片将指甲修成方形，棱角保持微微的圆弧。

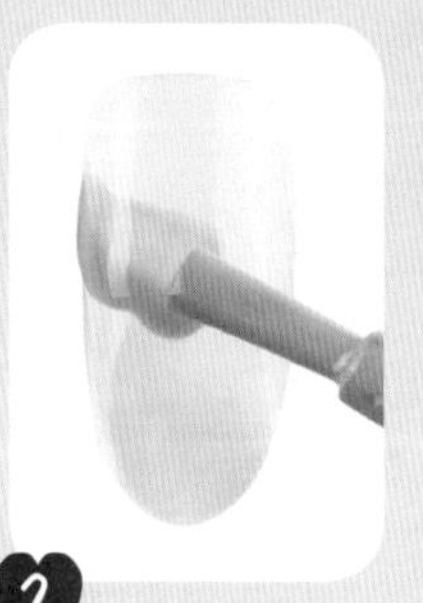

2 用玫红色的指甲油从三分之二处开始涂抹指甲。

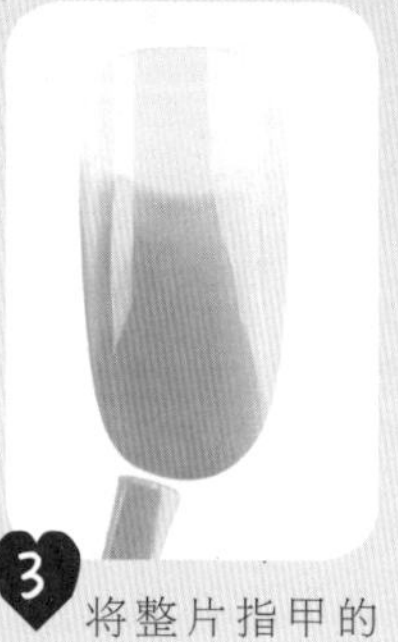

3 将整片指甲的三分之二均匀地涂抹完整。

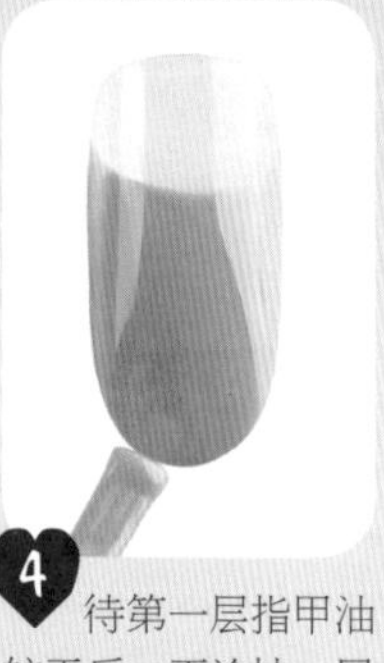

4 待第一层指甲油较干后，再涂抹一层玫红色指甲油。

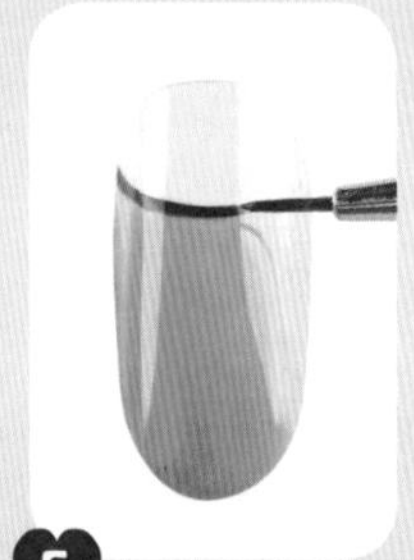

5 在玫红色指甲油的边缘画出一条纤细的黑线。

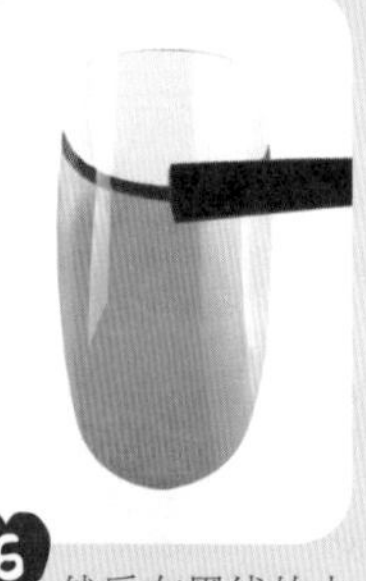

6 然后在黑线的中央位置涂抹胶水，不需要使用过多。

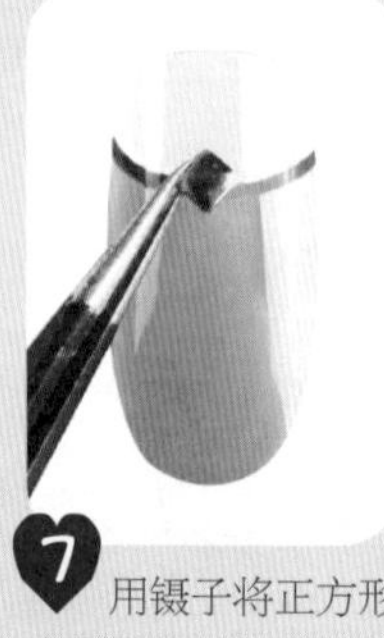

7 用镊子将正方形金属贴片轻轻地粘贴在胶水上。

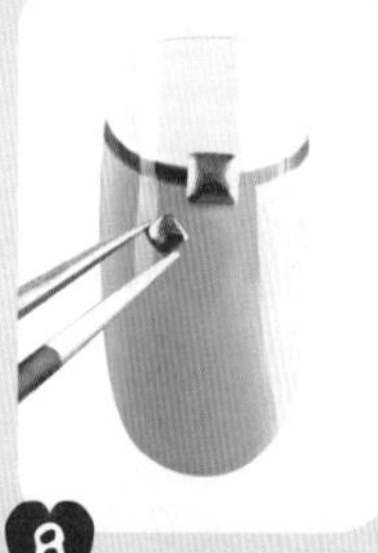

8 最后再选择一颗较小的金属贴片粘贴在其下方即可。

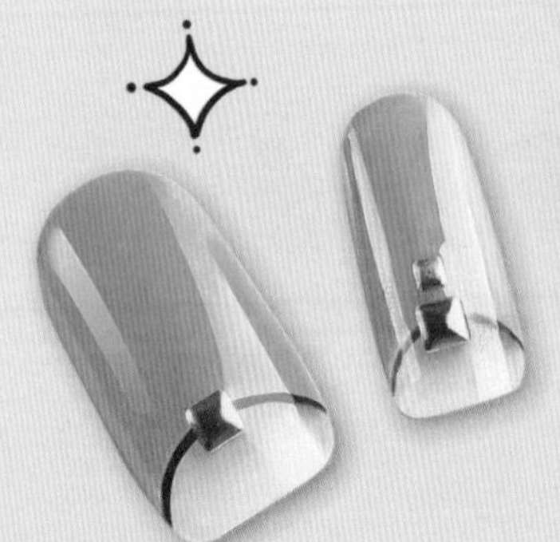

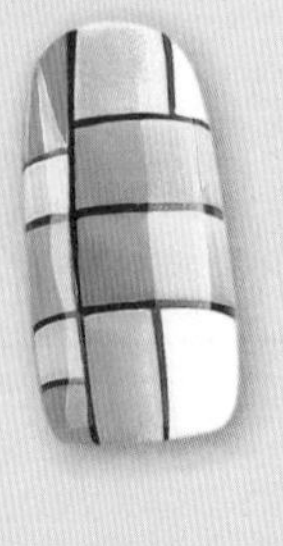

单色的底油和细线条勾勒出时尚简约感，金属贴片的点缀增添了这款美甲的质感和个性。

约会　唤起青春记忆的学院风美甲

浓郁的美式校园风格唤起他学生时代的美好记忆。金属小星星对于星星控来说是致命诱惑。甜美的桃粉色撞色搭配酷感十足的电光蓝，打造的中性甜美风正是当下的流行风向。选择这款美甲，做一个让他觉得甜美却不失时尚感的完美恋人吧。

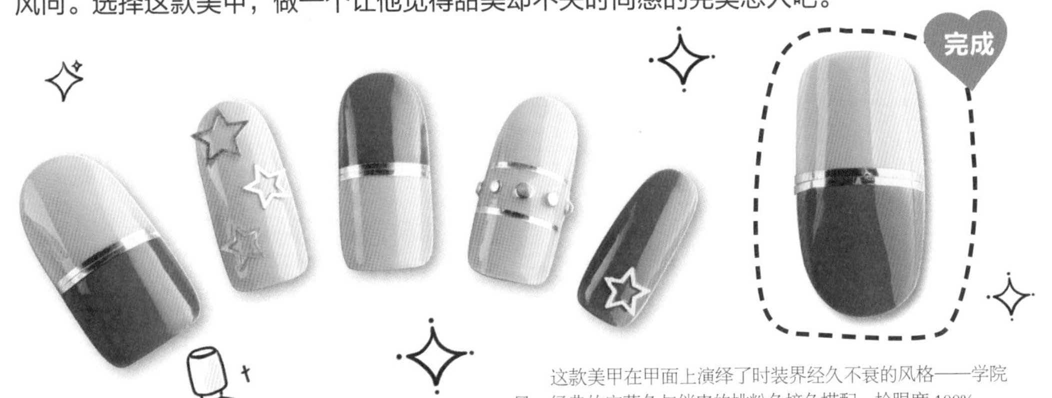

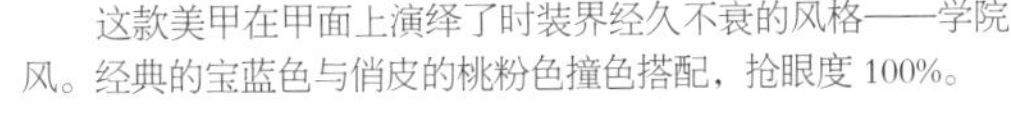

这款美甲在甲面上演绎了时装界经久不衰的风格——学院风。经典的宝蓝色与俏皮的桃粉色撞色搭配，抢眼度100%。

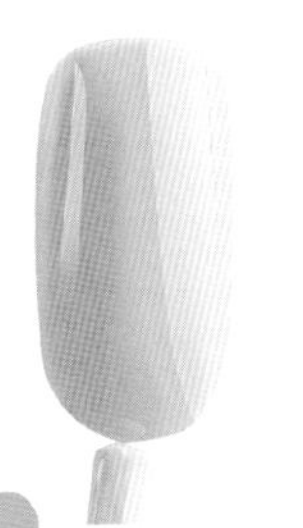

1 以粉色的甲油为底色，将甲油均匀涂满整个甲面。

2 再涂上第二层甲油，以保证底色足够均匀饱满。

3 将甲面上下一分为二，用宝蓝色的甲油填充甲面下方1/2的区域。

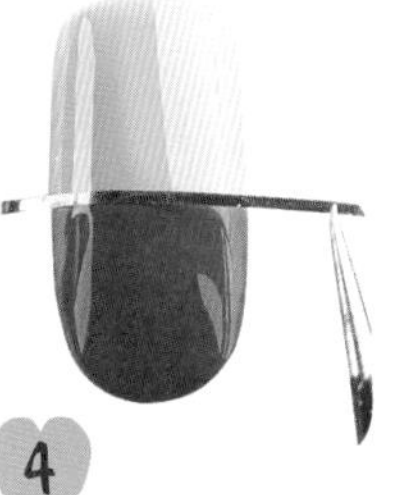

4 用镊子夹好一段金丝线，平行贴在蓝色块边界处。

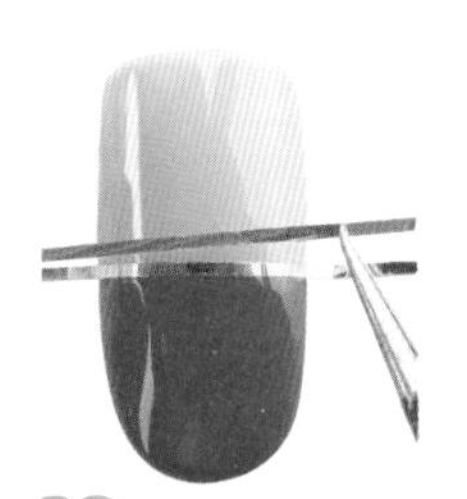

5 将另一段金丝线平行贴在粉红色块边界处，两条金丝线中间不留空隙。

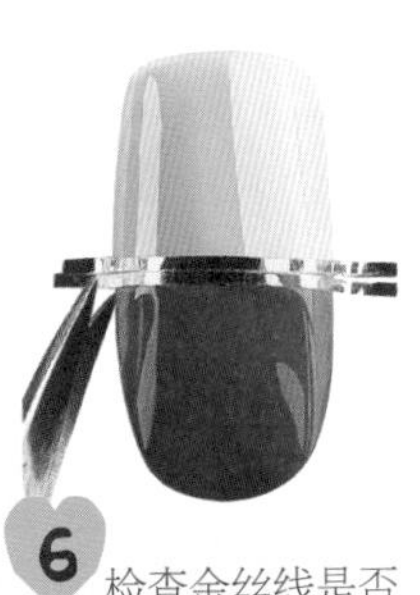

6 检查金丝线是否贴合甲面边缘。

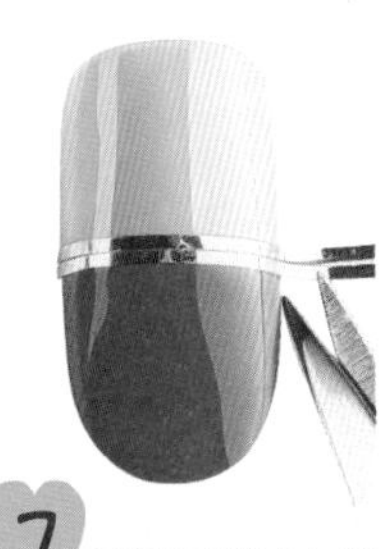

7 用剪刀剪掉金丝线左右多余的部分。

8 最后涂上一层亮甲油即可，可以保持甲油持久不脱色。

度假　西海岸浓郁的法式优雅

年轻女性喜欢多变的造型 ，这款条纹美甲正好能满足你。虽然只是简单的彩色条纹图案，虽然没有碎花图案带来的浪漫感，但是这种极具个性的条纹更能满足你对时尚前卫的定义。浓浓海军风格的宝蓝色演绎出海边度假的轻松氛围，水钻装饰运用得十分巧妙，提升了整个美甲的质感。

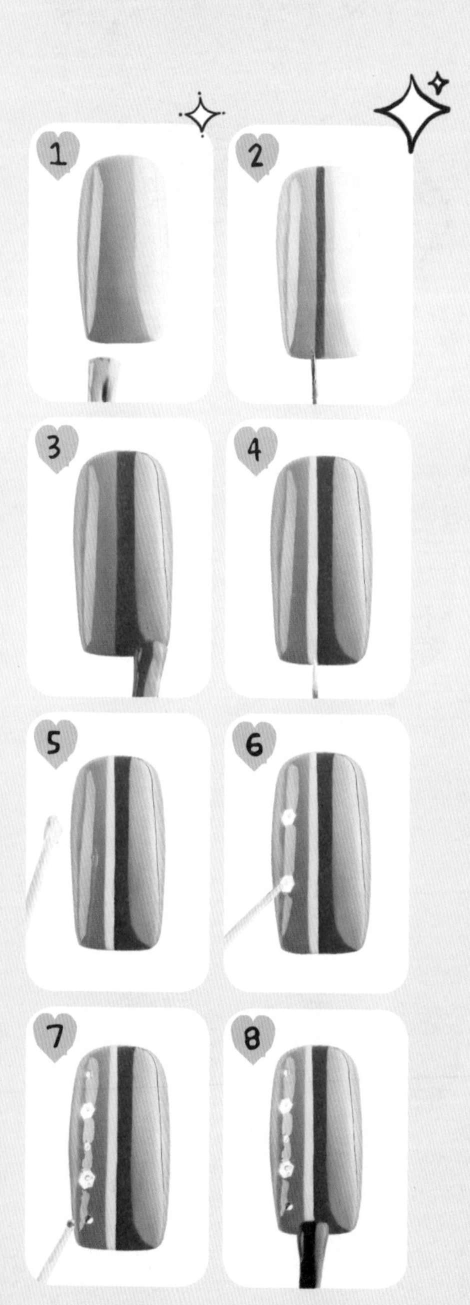

Step1：以灰色甲油为底色，均匀地涂满甲面。

Step2：用美甲笔蘸取宝蓝色甲油，画一条直线将甲面一分为二。

Step3：确保这条线是平直的，然后用宝蓝色甲油将甲面的一半均匀涂满。

Step4：用美甲笔蘸取白色甲油，在灰色与宝蓝色甲油的交界边缘处画一条分隔 线。

Step5：用牙签蘸取少量胶水，点在灰色甲面。

Step6：用蘸过胶水的牙签轻轻点起一片多边形银色亮片，贴在点过胶水的地方。

Step7：选相对较小的亮片，作为间隔贴在两个大的多边形亮片中间。

Step8：待胶水干后，在甲面上刷一层亮甲油即可。

完成

为了不让甲面整体感觉过于厚重，选择了用浅灰色来混搭运用。一条白色的直线将宝蓝色和浅灰色的界限巧妙划分，整个甲面看起来灵活又多变。

婚宴 既不抢新娘风头又保持个性

每个女生去参加婚宴前，都在脑海中想象过自己的妆扮，既要闪亮动人又不能喧宾夺主抢了新娘的风头。这款美甲以法式美甲的简单优雅为主调，添加了日系华丽风的元素，低调的图案却又不失华丽感，精致的甲面更能显现出你是一个精致的小女人。

Step1：以粉色的甲油为底色，将甲油均匀涂在甲面上。

Step2：用美甲笔蘸取白色甲油，沿着甲尖边缘描画出圆弧。

Step3：再次蘸取白色甲油，沿着指甲底部描画出圆弧。

Step4：用点胶笔在甲面正中间点上胶水，再用镊子轻轻将金属圈贴上。

Step5：在金属圈上下点上胶水，用镊子夹好一个半球形的金属贴片。

Step6：分别在金属圈的上下贴上半球形的金属贴片。

Step7：在金属圈左右点上胶水，用镊子分别轻轻贴上半球形的金属贴片。

Step8：用美甲笔蘸取白色甲油，将金属圈内部填充满即可。

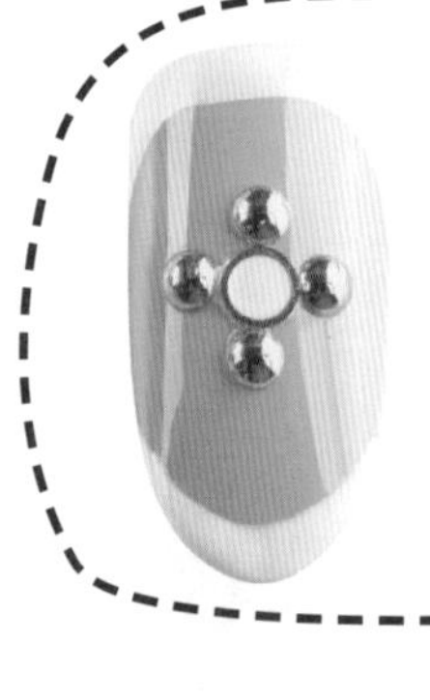

完成

金属铆钉、贴钻的装饰使得原本过于单调的甲面变得丰富起来，粉色与白色的搭配散发出不尽的柔软甜美气息。

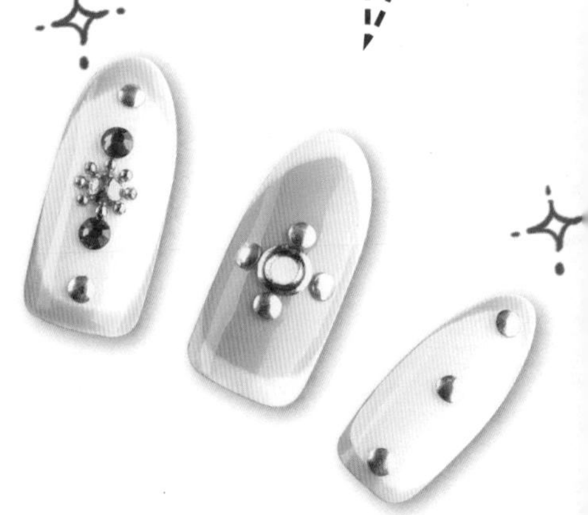

1
2
3
4
5
6
7
8

晚宴　举手投足间都要优雅妩媚

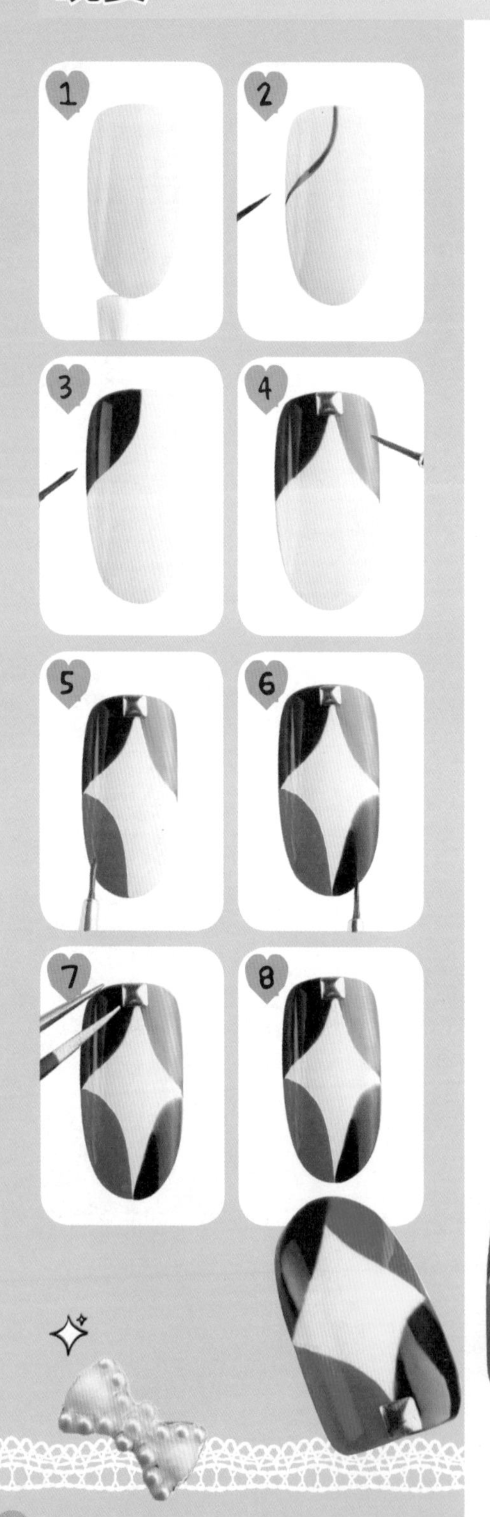

庄重的晚宴氛围里，要搭配什么风格的美甲才能融入其中呢？经典的红黑白配色搭配几何图形，让美甲极具视觉震撼效果，将菱形图案融入美甲中，更增添了浓浓的艺术气息。这款美甲利用几何图案很好地诠释了对称美。

Step1：以白色甲油作为底色，均匀地涂满整个甲面。

Step2：用美甲笔蘸取黑色甲油，从甲面底端 1/2 处开始斜向上画弧线。

Step3：用美甲笔继续蘸取黑色甲油，将弧线内的空间均匀填满。

Step4：用美甲笔蘸取粉红色甲油，在甲面底端 1/2 处开始重复以上步骤，并在甲面底端中甲贴上方形铆钉。

Step5：在红色半圆对角线位置，用美甲笔继续画相同的半圆。

Step6：在黑色半圆对角线位置，用美甲笔蘸取黑色甲油画相同的半圆。

Step7：将所有的颜色涂完后，可以用镊子将铆钉位置调整，使其居中。

Step8：最后在甲面刷上一层亮甲油，可以保持美甲持久不脱色。

派对　从指尖开始就要引人注目

想要在人多的派对上引人注目，除了在造型上要用心，美甲当然也要有吸引他人的亮点。波普风强势着陆美甲界，带来了别样的风情。这款拼贴式的几何图案美甲炫彩夺目，它散发出的别致风情最适合派对上的你。

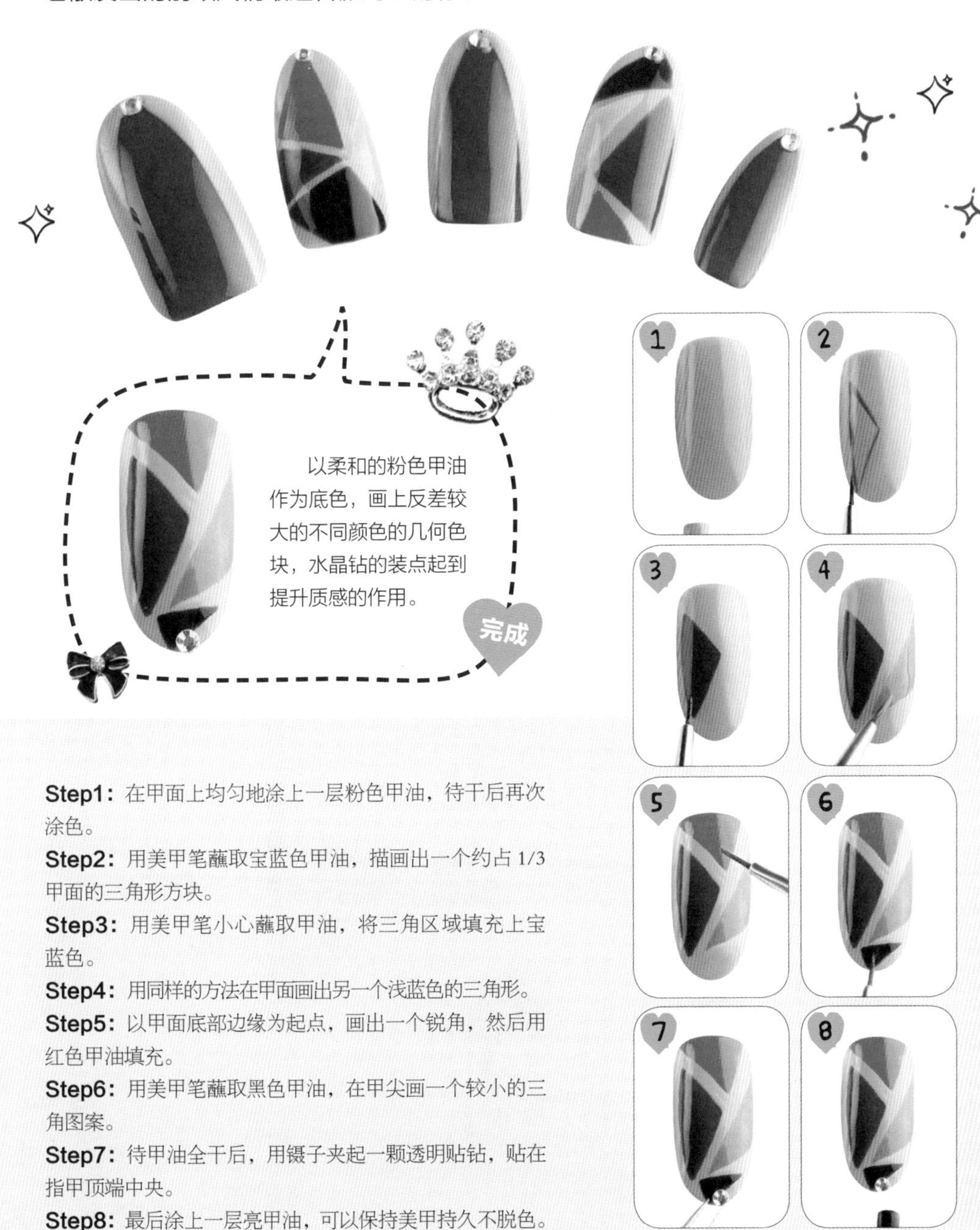

以柔和的粉色甲油作为底色，画上反差较大的不同颜色的几何色块，水晶钻的装点起到提升质感的作用。

Step1：在甲面上均匀地涂上一层粉色甲油，待干后再次涂色。

Step2：用美甲笔蘸取宝蓝色甲油，描画出一个约占 1/3 甲面的三角形方块。

Step3：用美甲笔小心蘸取甲油，将三角区域填充上宝蓝色。

Step4：用同样的方法在甲面画出另一个浅蓝色的三角形。

Step5：以甲面底部边缘为起点，画出一个锐角，然后用红色甲油填充。

Step6：用美甲笔蘸取黑色甲油，在甲尖画一个较小的三角图案。

Step7：待甲油全干后，用镊子夹起一颗透明贴钻，贴在指甲顶端中央。

Step8：最后涂上一层亮甲油，可以保持美甲持久不脱色。

生日　粉色系让你化身甜美气质公主

甜美永远跟粉色有着不解之缘，这款法式半贴美甲使用了较多的时尚元素，模仿Chanel 经典软呢打造的甲面，整体气质素雅，质感和时尚度十足。白色简洁小蕾丝搭配嫩嫩的粉色，可以让双手显得更加白皙。甲面上珍珠和金色钢珠的组合，显得高贵优雅，让公主气质更加突出。

Step1： 以白色甲油为底色，向指尖画出一个斜截面，用甲油填满。

Step2： 用粉色的甲油覆盖在白色甲油上，画出一个较小的斜截面，留出白色边缘。

Step3： 用美甲笔的笔尖蘸取少量的白色甲油，在粉色甲面轻点然后拉长，动作要轻、快。

Step4： 用金色拉线笔在白色甲油边缘勾画一条直线。

Step5： 用金色拉线笔在白色和粉色甲油交界处勾画一条直线。

Step6： 用美甲笔蘸取银色颜料，在白色甲油带的金线旁点上银色波点。

Step7： 用镊子夹起一条白色蕾丝贴条，沿着白色甲油带边缘贴上。

Step8： 用剪刀将蕾丝贴条修剪成长短符合甲面的尺寸，点上胶水，用镊子点压贴好即可。

演唱会　指尖和造型一起 ROCK！

选择颜色夸张的铆钉元素，打造出绝对的摇滚感！如果不想要太强硬的气场，可以选择贝壳质感的贴钻作为装饰。要做到真正的个性突出，在 10 种不同的花纹中体现出统一的整体感是你要细心琢磨的，尽量让指甲的纹样带有主题感。

Step1：以白色甲油为底色，均匀地涂满甲面，待干后再一次均匀涂满。
Step2：用美甲笔蘸取黑色甲油，在甲面画一个十字图案。
Step3：用美甲笔蘸取黑色甲油，将十字图案的竖线加强加粗。
Step4：用美甲笔蘸取黑色甲油，将十字图案的横线加强加粗。
Step5：在甲面中间位置，用金色拉线笔垂直画一条直线。
Step6：在甲面偏右位置，用金色拉线笔画一条直线。
Step7：在甲面偏左位置，用金色拉线笔画一条直线。
Step8：最后刷一层亮甲油，可以减缓甲油掉色速度，让美甲看起来更有光泽。

Chapter 5

穿搭篇

不要再对着衣柜皱眉叹气了，也不要再因为不知道穿什么而迟到了。让我们重新审视衣柜，找到凸显自己身材优势的穿衣风格，你就可以随时传达出属于自己的气质和风采。性感的香肩、纤细的手臂都可以大胆展示，不管是复古风、森女风还是高街风，让衣服自己说话。精挑细选的经典单品一定能够让你玩转百变穿搭。

Part1 风格辞典

百变穿搭，轻松驾驭不同风格

中性风格　换一种方式穿出性感型味

中性风的潮流已经在整个时装界蔓延开来，从大牌的设计趋势到时尚达人们的纷纷演绎，中性风已是势不可挡。妩媚的女性化元素结合帅气洒脱的中性化设计，让你刚柔并济，展现出迷人的性感味道。

宽松 boyfriend 风牛仔外套搭配高腰黑白条纹铅笔裤，营造最流行的俏皮中性风，上宽下紧的搭配是展现长腿的不二法则。内搭一件拼接透视 T 恤衫，若隐若现的美感是每个女孩都要懂的性感小心机。

oversized 的牛仔外套是近年大热的单品，牛仔外套洗水破洞的设计带有街头痞味，同时也是时下中性风流行的关键元素。

中性风单品推荐

干净利落的色彩和剪裁是近年的潮流指向，沉着冷静的经典黑灰用来诠释中性时尚，一定程度上决定了造型的气场，它们的良好组合让你在任何场合都不会失礼，且气场十足。

1. 灰色格纹西装外套
2. 菱格纹圆领短袖上衣
3. 蓝灰格纹衬衣
4. 黑白竖条直筒西裤
5. 廓形格子哈伦裤
6. 无袖格纹衬衣裙
7. 灰色简约梯形手提袋
8. 黑色漆皮信封斜挎包
9. 中跟黑色牛皮短靴
10. 珍珠皮拼接牛津鞋
11. 灰色过膝包臀裙
12. 千鸟格直筒西装
13. 竖条收腰马甲

复古风格　回溯年代感复古穿衣铁律

复古风格近年在时尚界可以说是越来越盛行。宽袍大袖、繁复铺张成了复古风格最显眼的名号，从头饰到皮具，从服装到日常用品，没有一个能逃得过复古风格的风行，你的衣橱里还没有复古风格的衣饰?

反光面料的欧根纱半裙，裙摆立体蓬松，优雅中略带奢华，搭配轻薄的透视白色衬衫，柔软中散发古典式优雅，像大小姐般端庄。这套装束的重点在于上下蓬松，中间收紧，这样的搭配最能展现迷人的细腰，古典而优雅的正如 20 世纪 40 年代的时尚女性。

麂皮的森林绿高跟鞋和裙子相得益彰，腰间的珍珠腰带、领口的宝石胸针起到画龙点睛的作用，让整套装束具有轻奢的韵味。

复古风单品推荐

复古风盛行的时代，加入轻奢华的设计元素，呈现优雅的社交生活化服饰系列。以法式蕾丝、手工装饰、立体裁剪为特色，配上柔和的面料，可以为女性带来梦幻般的浪漫体验。

1. 立体花朵吊坠耳环
2. 立体花朵项圈
3. 金属镂空单肩信封包
4. 花朵镂空牛皮尖头单鞋
5. 金色锡箔医生包
6. 油画感单肩晚宴包
7. 巴洛克宫廷风连衣裙
8. 立体蕾丝宫廷立领罩衫
9. 蓝白图腾高腰连衣裙
10. 绣花黑色短斗篷
11. 猫眼圆框板材墨镜
12. 宝石嵌饰镂空黑色凉鞋

嘻哈风格　实践无彩度的中性帅气感

嘻哈装扮可以性感热辣，也可以帅气十足。喜爱流行音乐、喜欢中性元素的你，怎能错过时尚又个性的运动嘻哈风？其实，嘻哈风的服饰不一定非要用很绚丽的色彩来打造，无彩度的颜色也可打造很个性、很街头的中性帅气嘻哈风格。

运动和嘻哈结合也需张弛有度，高街系列的黑白拼接棒球外套既舒适又有活力，搭配黑白条纹膝盖以上长度的连衣裙，露出适当的腿部肌肤，不仅拉长比例，并且散发出女性的柔美感。

下身配以随性自在的牛仔短靴，简简单单，统一的黑白配色，整体色调和谐，潮范儿十足！可以用琳琅满目的金属配饰搭配，凸显张扬的个性。

嘻哈风单品推荐

棒球服、丹宁单品、金属配饰，活力四射的运动轮廓略显嘻哈，而抽象简约的格纹印花则很摩登。嘻哈风融合街头潮流更具时尚感。

1. 缎面夹棉长款棒球服
2. 亮片横条露脐 T 恤衫
3. 牛仔拼接卫衣
4. 墨绿圆盘金色钢带手表
5. 花卉图案棒球帽
6. 板材夸张方形墨镜
7. 黑色牛皮双肩背包
8. 黑白缎面拼接棒球衫
9. 破洞高腰牛仔裤
10. 巴洛克风短袖 T 恤衫
11. 漆皮鱼嘴坡跟凉鞋
12. 水洗高腰牛仔短裤

森女风格　穿出简约自在的悠闲步调

森女风，如今已成为年轻女孩们所热爱的一种服饰穿搭风格。这种风格的搭配，简约清新、自然纯美，特别受文艺范儿女生们的喜爱。有多少女生喜欢做个天真、自然、不做作的森林系女孩呢？不仅生活态度要坚持自然纯朴，从造型上也要穿出简约自在的感觉。

编织皮质宽腰带和木头麂皮绳挂饰都是打造森女风的特色单品，可以从细节上更彻底地展现清新自然的森女气息。

衬衫裙实在是时尚界的一个美妙的发明，它让女文青优雅了一点，又给俗人们增添了一丝文青的意味。更难能可贵的是，它还将舒适与省力完美融合，在草长莺飞的季节，尽情享受裙裾飘飘与优雅时髦吧。

森女风单品推荐

从装饰本身来说，不管是具有浓浓北欧风的雪花图案，还是具有热带风情的椰树印花，异域风情都可以将单品带入一种自由不做作的氛围，而刺绣和大地色则是森女系的代表元素。

1. 民族风印花无袖连衣裙
2. 田园碎花连衣裙
3. 黑白方格娃娃罩衫
4. 刺绣 A 字短裙
5. 民族风白色罩衫
6. 棉麻碎花米白罩衫
7. 民族风印花露肩连衣裙
8. 民族风条纹外套
9. 麻绳吊坠手链
10. 夸张流苏大型项链
11. 卡其麂皮 T 形凉鞋
12. 卡其麂皮帆船鞋
13. 牛皮流苏单肩包

工装风格　演绎都市节奏的摩登型录

你还在为今天是穿烂漫印花裙还是闪耀亮片装而苦恼？忘掉这些吧，工装风才是现在的最 IN 潮流！抛开潮流的束缚，穿上简单的 T 恤衫，再套上一件在任何场合也不会丧失气场的工装外套，帅气舒适的装扮才能让你更加轻松自然地做自己。

帅气的阔领设计融入了中性风格，用硬朗粗糙的线条感来映衬女性的柔美气质，长版版型具有很好的修饰身形的效果，在扮酷的同时也是绝对时髦的搭配单品。

青草绿的工装外套格外引人注目，oversized 是时下流行的关键元素，光脚穿着更加凸显摩登味。搭配夸张风格的项链，整体装扮更加出彩。

工装风单品推荐

在女性时装里，宽松的中性造型变得常见起来，告别了以往特别具有立体感的大廓形设计，工装风格和宽松设计相结合，使以往严肃而硬朗的工装有了一种时尚的休闲感。

1. 短款工装帆布夹克
2. 蜡牛皮豹纹粗跟短靴
3. 黑白条纹手提医生包
4. 军绿色帆布长款风衣
5. 撞色简约小手提包
6. 森林绿侧开叉中长裙
7. 卡其色开叉军装风衣
8. 米白系带收腰长风衣
9. 黑色漆皮中性单鞋
10. 军绿色高腰九分裤
11. 收腰工装皮衣夹克
12. 露肩系带工装外套

学院风格　搭出步调轻盈的学院派

学院风常青的秘密到底是什么？是格纹和 A 字裙的青春活力，是藏蓝色的自制、理性，是出入各个场合都自如的大方得体，是无处不在的乐观精神。想秉持乐观主义、想要得到乐观气氛，穿上学院风就有了动力。

红黑格子裙透露着浓浓的苏格兰味道，轻松俏皮的学院风格混搭，既不过分可爱，又给人充满活力的青春感，能帮你瞬间减龄。

不规则裙摆的格子背心裙搭配千鸟格的拼接高跟鞋，这是修饰下半身身材的绝佳手法。利用不规则的剪裁留出的腿部比例和高跟鞋的高度，从视觉上打造无与伦比的长美腿。

学院风单品推荐

抛开学院风条条框框的刻板，放弃青春洋溢的格子短裙，穿上简洁的直筒西装外套，搭配复古的粗呢短裤，帅气的中性学院风散发着书卷气息，同时又利落时髦，极具格调不失质感的同时又不显沉闷。

1. 双排扣中长款外套
2. 格子拼接衬衫
3. 藏蓝色费朵拉帽
4. 白色金属扣乐福鞋
5. 米白格子 A 字短裙
6. 纯白漆皮剑桥包
7. 黑色牛皮手提包
8. 海军蓝麂皮牛津鞋
9. 酒红色缎面短裤
10. 字母长款 T 恤衫
11. 双排扣短外套夹克
12. 浅蓝 oversized 拼接衬衫
13. 黑白波浪纹阔腿短裤

高街风格　尝试出彩不混乱的混搭法则

常见的欧美街拍中，年轻的时尚博主们似乎总喜欢穿着字母露脐短背心，配上高腰短裤或者高腰半裙。欧美风中，似乎总是和高腰分不开，它既诠释出少女的摇滚与叛逆，又激扬了青春，还恰当地修饰出身材比例。女孩们，高街风走起！

这身打扮机车风味十足，帅气中带着一丝俏皮的味道。这样的装扮在于一定要选择短款的单品。黑色短款的机车夹克搭配红黑格纹短裙，内搭露脐T恤衫，整体视觉冲击力极强，立即化身朋克街头少女。配上饱满的暗红唇色，诱惑又复古。

格纹短裙以菱形出现，这种变化赋予格纹更加不稳定的灵动感与先锋态度。想要长腿又不想淹没在细高跟里，那就选择厚底的牛津鞋吧！它在拉长腿部线条的同时，又不会给自己的健康增加太大的负担。

高街风单品推荐

丹宁单品是高街风不可缺少的重要元素，也是我们不知穿什么出门时的好帮友。轻松好搭，一下子就能快速出门是这款单品的重要特点。帅气丹宁风更是亘古不变的经典潮流，霸主地位无人撼动。

1. 原色牛仔直筒连衣裙
2. 竖条纹圆领短 T 恤衫
3. 破洞洗水牛仔短裙
4. 宝石镶嵌高腰牛仔裤
5. 牛仔灰蓝休闲鞋
6. 浅蓝牛仔吊带裙
7. 藏蓝麂皮粗跟短靴
8. 浅蓝水洗牛仔双肩包
9. 雪花牛仔短马甲
10. 牛仔溜冰裙
11. 牛仔印花双肩包
12. 牛仔拼接衬衫

现代风格　放逐色彩的狂野层次叠搭

大胆的现代风被很多时尚达人热烈追捧，他们用多种多样的绚丽色彩取代纯色，配合着奇妙的抽象几何图案，创造出持续不断的变化，产生了令人惊艳的视觉效果。

上衣色块撞击带来的视觉冲击力，足以展现现代风的精髓，干练、明快色调的巴洛克风短裙，为整体造型注入一股清新的活力。几何抽象图案和多彩条纹为绝对主题，充分展现出现代风的大胆狂野。

廓形剪裁的短裙，衬出浓浓的知性气质。修身的衬衫搭配塑形的小短裙，在视觉上的显瘦效果不言而喻。

现代风单品推荐

现代风秉承了一向的简洁特点，让利落的几何分割线与各种面料完美地结合在一起。通过几何式划分不仅突出了韵律感，还强调刚柔并济、薄厚结合，靠强烈对比撞出独特风格。

1. 渐变印花衬衫
2. 抽象马赛克蝙蝠手拿包
3. 黑白千鸟格铅笔裤
4. 回形格印花过膝包臀裙
5. 彩色马赛克交叉带连衣裙
6. 几何拼贴不规则连衣裙
7. 粉红千鸟格衬衫
8. 抽象图案细高跟鞋
9. 抽象格纹雪纺上衣
10. 几何拼贴短袖上衣
11. 多彩格纹吊带上衣
12. 黑白几何拼贴高跟鞋

Part 2 搭配学堂

突出身材优势的智慧穿搭法

强调美胸 性感酥胸的魔力穿搭法则

穿出傲人的曲线，突出美胸的魅力，同时又要注重露肤尺度，防止走光，这对上衣的剪裁和款式都有特别的要求。

突出肩膀 小露性感香肩的诱惑

露肩单品往往会给人一种性感又富有女人味的感觉，如果搭配恰当，还能帮你修饰身材。无论是宽松款的露肩针织衫，紧身的一字领上衣，还是露肩连衣裙，都能在细心的搭配下诠释出完全不一样的魅力。

小露香肩的穿衣方式，展现的是一种若隐若现的性感。想要利用露肩单品穿出骨感造型的话，短裙式裤装是最易搭的单品。白色和浅蓝色的搭配，可以展现出与众不同的文艺气质。

突出肩膀穿衣 TIPS

对于露肩上衣来说，松紧对比的穿法既简单又实用，绝对是遮肉显瘦的好方法哦。

张扬手臂　露臂搭配展现手臂窈窕美

爱美的女人怎么会忘记轻罗薄衫？这种柔软舒适的质地，这样充满诱惑力又不失高品位的无袖衫搭配，让你轻松拥有妩媚时尚感，轻薄通透的清爽与隐约可见的性感都集于一身。

抹胸式长款字母T恤衫拼接透明薄纱，若隐若现的性感和街头的酷范儿一起展现出来，也是展现纤细手臂的不二法宝。

张扬手臂穿衣 TIPS

露肩款式的服装不适合溜肩的女生。如果你的手臂不够纤细，锁骨不够明显，可以选择半露肩蝙蝠袖款式的上衣，这样可以遮住手臂的赘肉。

显示细腰 重塑腰线提升整体造型

比起身高的优势，身材比例显得更加重要，我们常说的“九头身美女”，也是强调个人的身材比例，而非单纯的身高。掌握正确的搭配技巧，通过调整腰线的位置，能瞬间打造黄金比例。

显示细腰穿衣 TIPS

只要选择高腰线的衣服，下半身比例即可拉长，完成视觉上完美的腰身比例！你的腰线提升了，会感觉整个人也高挑了。

高腰的 A 字裙搭配露脐上衣十分时髦，露出腰部最纤细的部分，分割出清晰的腰线，让人的视觉重点集中在提升后的腰线上，立显女人的婀娜和高挑。

炫耀翘臀　魔女穿衣法打造蜜桃翘臀

天生的身材往往很难在短时间内改变，臀部的骨骼直接影响臀部的形状，更是无法改变的事实。然而恰当的服装搭配，就能瞬间改变你的形象，即使臀部与腰身并不完美，依然可以通过巧穿衣来完成蜕变。

一条过膝的包臀裙是显示翘臀的最好单品，束装高腰的穿搭方法能够拉长下半身比例，黑白的经典搭配优雅精致地展现了小女人的妩媚气质。

炫耀翘臀穿衣 TIPS

层叠的荷叶边、百褶裙，鲜亮色彩的泡泡裙或者大朵花纹的短裙，都能取得很好的效果，让臀部丰腴起来。裙子适宜选择有质感的面料，这样有利于塑造出体形。在臀部位置有口袋或者花纹，也能起到“丰满”臀部的作用。

秀出长腿　热辣单品拓展美腿极限

穿出热辣长腿是每个女孩孜孜不倦追求的穿衣目标，短裤、迷你裙等单品如果不再让你有新鲜感，那就尝试一下混搭的风格吧，或许可以给你带来不一样的美腿极限。

内搭短打底裤、外搭透视网纱，这样的搭配十分具有潮味儿，上半身搭配男友风混搭性感单品——露脐的牛仔衬衫，酷感十足又不失俏皮。

秀出长腿穿衣 TIPS

除了极短的下着单品之外，深色的紧身裤也可以突出腿部线条，上宽下紧的搭配可以使腿看起来非常修长。

突出身高　廓形单品再造黄金比例

除了短裙、高跟鞋之外，廓形单品是突出身高不可或缺的单品之一。它独特的剪裁能够扬长避短，显示出你的翘臀和长腿，下半身比例拉长之后，身高从视觉上看自然有所提升。

荧光绿的廓形A字短裙是明星们都爱不释手的百搭单品，上身再搭配一件皮质的黑色半身胸衣，潮味儿十足！上紧下宽的穿衣风格也是拉长身高的绝佳方式。

突出身高穿衣 TIPS

拉长下半身比例是穿出高挑身材的最佳方式。轻盈的上衣搭配迷你下装，是让腿部最大限度露出来的不二法则。通过帽子和高跟鞋来补足上下的高度，效果非常不错。

美化肤色　灵巧色系穿搭优化肤色

如果你经常关注时装周应该不难发现，轻盈的色彩正在开始流行，即淡淡的水粉色、粉蓝色、粉绿色……这个灵巧的色系备受潮人们追捧，通过衣服颜色来美化肤色早已是时尚达人们熟练掌握的一项穿衣技能。

荧光水粉和荧光绿色搭配出清新可爱的灵巧系女生，配饰也选择轻盈的水粉绿，更加映衬出肌肤的白嫩。

美化肤色穿衣 TIPS

水粉色系在视觉上有放大的效果，身材过于丰满的女生要慎重选择这一色系服装的款式，紧身的设计也不适合丰满女性。

Part 3 活用单品

提升热门单品的百搭可能

风衣 经典风衣如何实现百搭不厌

尽管风衣的细节如今发生了各种变化，但在时尚的历史中，它仍是洒脱和文雅的象征。如果有一件衣服可以做到凸显气质又方便实穿，并且百搭不厌，非风衣莫属。如果觉得纯色的风衣似乎总缺少一些情调，那么选择一件波点风衣吧，它可以让整体的可爱度加分。

马甲　凸显干练气质的马甲层次感穿搭

马甲是服饰混搭的实用单品，搭配衬衫或者 T 恤衫都非常帅气干练。改良式的马甲采取了前短后长的剪裁，这款质地轻盈的雪纺面料马甲内搭同样是雪纺材质的 T 恤衫，再搭配短裤，让你显得帅气又知性。

卫衣 活力卫衣搭出时尚减龄效果

卫衣是永恒经典的潮流款式，百搭、舒适、时尚，还具有减龄的效果。卫衣的款式万变不离其宗，从图案上下手可以变幻出不同的味道。这款领口拼贴花卉图案的休闲卫衣，搭配同色系黑色不规则纱裙，再搭配黑色马丁靴，增添了中性的味道，让你立刻化身帅气的朋克少女。

翻领动物图案卫衣

嫩绿字母卫衣

花卉图案卫衣

长裙 长裙束腰打造完美身段

百褶长裙复古，透视长裙性感。长裙除了打造不同的风格，还可以把整双腿完全藏起来，这也是那些被腿形问题困扰的女生们的福音。高跟鞋和束腰穿搭可以重新调整身材比例，穿出完美的身段。腰间加一条腰封，更能凸显小蛮腰。

毛衣　甜美升级，演绎寒潮下的温暖质感

粗棒针的毛衣不仅保暖，还是时下流行的不二选择。粗棒针的温厚质感，能够帮你打造最纯正的复古学院派造型，“洋葱式”的层叠、上宽下紧的搭配，能充分展示你的纤细长腿。

水波纹横条针织毛衣

柔软横条灰色毛衣

蝙蝠袖灰色针织毛衣

A字裙　最大限度秀出美腿的优化穿搭法

“大胆秀出你的腿！”这句20世纪60年代迷你裙诞生之际最响亮的口号，运用在如今A字裙的流行热潮上也颇为合适。简约复古的A字轮廓，超短甚至如上衣般的迷你款式，可以让你最大限度地秀出美腿。

包臀裙　紧窄穿法展现迷人曲线

不管是职场女性还是其他女性，都对包臀裙情有独钟，因为包臀裙可以展现女人最美的一面，突显性感曲线，看起来十分有魅力。这条粉色的包臀窄裙融合了利落的线条和优雅的设计，让娇俏的轻熟女绽放出更多优雅的味道。

西装外套　西装外套的瘦美人造型方案

一席亮色西装中性范儿，利落的线条尽显干练气质，宽松的款式也恰好能成为肉肉女显瘦的最佳选择。荧光色也一度成为今年继续流行的元素之一，这款荧光黄色的西装外套搭配一双高跟鞋更增加了你的女人味。这就是 OL 装扮的最佳示范。

浅灰直筒中长西装外套

黑色收腰简约西装外套

卡其色工装西装外套

都说女人的衣柜里永远少一件衣服，其实少的是对搭配的巧思。突破常规的、不合常理的穿搭，都有可能让平日里司空见惯的衣服焕发出新的生命。试一试大胆搭配那些在衣橱里沉寂已久的衣服吧，你会发现，它们原来也会有发光的一面。

Crash

Chapter 6 丰胸篇

丰满的乳房，是显露女性魅力的重要部位，没有任何一个女生甘心做“太平公主”，要想拥有前凸后翘的傲人身材，最重要的是做好日常保养，从饮食、运动和文胸等方面做好细节工作，让你的胸线慢慢挺上来，达到自然的丰胸效果。

Part 1 丰胸知识
补习胸部发育的相关知识

原因 那些可能被忽视的小胸部成因

拥有傲人的身姿是每个女人的梦想，但是胸部娇小却成了很多人最头疼的事。其实，胸部大小不仅仅与遗传因素有关，还有一些被忽视的小因素也会阻碍胸部发育。

先天原因——遗传因素

胸部的大小与种族、遗传和体质等因素有关，母亲胸部若比较大，女儿胸部大的可能性也会增高。西方女性的胸部普遍比东方女性的大，就与上述因素有关，当然这些因素不是决定性的。

基本原因——激素缺乏

胸部扁平，最基本的原因是激素缺乏。因为乳房的生长发育受到垂体前叶、肾上腺皮质和卵巢内分泌激素影响。垂体前叶产生促乳房激素而直接影响乳房发育，卵巢产生雌激素、孕激素，促进乳房发育。假如激素分泌不足，那么乳房就很容易偏小。

特殊原因——疾病因素

有一些疾病会影响到女性的乳房发育，比如垂体前叶功能减退症、垂体性侏儒症、原发性卵巢发育不全等病症。如果得了这些病症，乳房发育就会受到影响，胸部天然就不会很丰满，但还是可以通过丰胸用品或者按摩手法来加以改善。

饮食原因——蛋白质摄取不足

很多爱美的女性为了减肥，采取节食的方法。虽然不摄取肉和油能够让你的腰围变小，但是胸部也会因为长期营养不足而“缩水”。摄取富含蛋白质和脂肪的食品，如蛋类、鱼类、瘦肉、花生、核桃、豆类等，才能使细小扁平的乳房丰满起来。

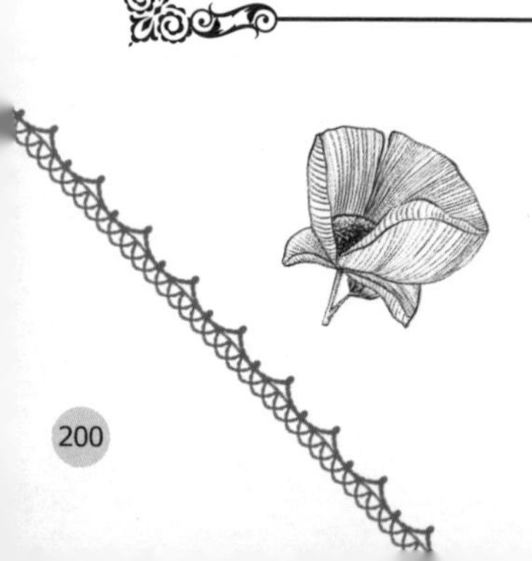

纠察　5 个不能不正视的缩胸坏习惯

生活中一些不起眼的坏习惯，就会让你的胸部在不知不觉中越来越小，这可能正是你再怎么努力丰胸却不见效果的原因，正视这些坏毛病，一一改掉才能保证胸部健康。

忽视文胸尺码

有些女性从来不注重文胸的尺寸，认为只要能穿上，大一点小一点都无所谓。殊不知，过小的文胸会影响胸部的发育，而长期穿戴过大的文胸可能导致胸部下垂。所以得了解自己胸部正确的尺码，再挑选一件适合自己的文胸。

为了减肥过度节食

如果长期处于饥饿状态，会导致胸部脂肪减少、皮肤松弛、胸肌流失，而营养不足又会引起腺体组织萎缩，整体胸部组织减少，因此胸部就变小、下垂了。即使在减肥期间，为了防止胸部变小，也要适当补充脂肪或者高蛋白质类的食物，保证营养的均衡。

喜欢用很热的水洗澡

冬季天气寒冷，洗个热水澡是很幸福的事。很多女性误以为让胸部血液循环起来，胸部自然会变大，于是就用热水冲洗胸部。其实，用超过 27℃的热水长时间刺激乳房，会烫去皮肤表面的角质层，让皮肤越来越干，乳房的软组织越来越松弛。

缺乏运动

很多女性，特别是上班族，长期工作繁忙，缺乏运动，这样会导致胸部肌肉松弛，从而引起胸部扁平下垂。其实，只需通过一些简单的运动就能够达到很好的丰胸效果，所以每天不要偷懒，为了自己的健康花几分钟锻炼吧。

晚上趴着睡觉

长期面朝下睡眠，女性乳房组织会受到挤压，导致乳房提前老化、皮肤松弛、乳房变形外扩、血液循环不良等症状。补救的办法是采用仰卧姿势睡眠。

辟谣　胸部保养的 5 种错误方法

一些坊间流传的丰胸小偏方可能并不科学，想要达到不错的丰胸效果还是得采取正确的方法，不要盲从毫无依据的各种偏方，否则后果难以挽回。

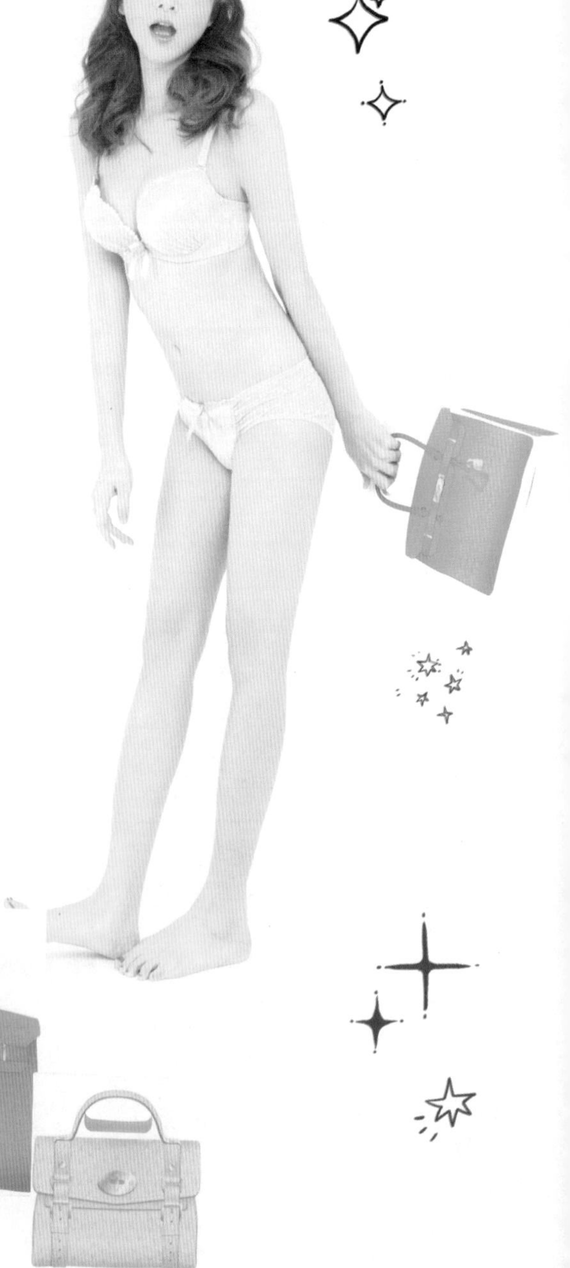

1. 所有运动和按摩都能丰胸

由于胸部内部基本没有肌肉组织，所以某些胸部运动并不会促进胸部变大，反而会减少脂肪，令胸部变小。可以选择一些能够锻炼胸部周围肌肉的运动，以此增加它们的韧性，这样可以保证胸部不下垂，还能够帮助胸部塑形。如果是按摩，也一定要选用正确的手法和适当的力度，否则很可能造成胸部挫伤和挤压。若长时间大力按摩乳房，会造成乳房松弛和走形，对于丰胸并没有任何帮助。

2. 过度依赖丰胸产品

现在市面上有很多丰胸产品，例如一些丰胸霜、丰胸膏或者器械产品，都标榜着是女人的福音。这些产品里含有激素，通过按摩渗透到皮肤中，可以达到暂时的丰胸效果，但一旦停用，很快就会缩水，不能具备持久的效果，甚至会对身体产生一定的伤害。所以必须提醒大家，不要过度依赖化学产品的效果，如果一定要用，也要选择有国家质量认证的品牌产品。

3. 文胸只要穿得下就好

很多女性不注重文胸尺码，认为只要穿得下就好，不管大一号还是小一码。其实，过小的文胸会影响胸部的发育，而长期穿戴过大的文胸又可能导致胸部下垂。实际上购买和佩戴文胸都有很多知识，如果做得够好，你的罩杯才可以立时升一级。想要丰胸的女性，不要再随便购买不合适的文胸了。

4. 挤乳沟就能丰胸

很多女性为了拥有完美的胸部，每天都要想尽办法挤出乳沟，认为在让胸部脂肪集中的同时，乳房也会随之定型变大。但长期挤乳沟的结果是减少或阻止了乳房内淋巴液回流，使局部气血不畅，导致乳腺增生，并且胸部长时间活动受限，也会影响到正常的呼吸。此外，挤乳沟会使乳房中的纤维束和乳腺导管长期受压，进而影响产后乳汁的分泌和排出，直接影响今后的哺乳。

5. 为求减肥目的盲目减肥

很多女性为了减肥却忽略了身体营养的正常供给，导致瘦下来的同时胸部也跟着缩水了。盲目节食一方面营养供给不足，体内的胶原蛋白会大量流失，另一方面脂肪的急速分解会造成胸部一下子变形，令身材更不好看。所以，即使减肥，也要注意补充一些蛋白质含量比较高的食品，而且不能一下减得太快，否则身材不好反坏。

食疗 食疗丰胸正误对策大公开

众说纷纭的食疗丰胸法，到底哪些才是合理有效的呢？最为盛行的方法就一定有效吗？让我们一起来揭开食疗丰胸的真面目。

这样吃真的有助于丰胸

大豆

大豆食品对乳房健康大有裨益。因为大豆和由大豆加工而成的食品中含有异黄酮，这种物质能够降低女性体内的雌激素水平，减少乳房不适。如果每天吃两餐含有大豆的食品，比如豆腐、豆浆等，将会对乳房健康十分有益。

种子、坚果类食物

种子、坚果类食物，如含卵磷脂的黄豆、花生等，含丰富蛋白质的杏仁、核桃、芝麻等，其中含有大量的抗氧化剂，可起到抗癌的效果。而且，坚果和种子类食品可增加人体对维生素 E 的摄入，而摄入丰富的维生素 E 能让乳房组织更富有弹性。

保证植物脂肪摄入量

乳房的大小和体态胖瘦基本上是相称的。体态丰腴的人乳房中脂肪积聚多，所以显得大一些；相反，体瘦的人乳房中脂肪积聚也相应较少，故乳房小些。想要脂肪量增加，在正常的脂肪摄入量中，要提高植物脂肪的摄入量，因为植物性脂肪的主要来源是植物性油，其中含有人体必需的脂肪酸。

传言中的木瓜丰胸真的有效吗？

我国传统医学里说的木瓜是指“宣木瓜”（ Chaenomeles ，蔷薇科木瓜属），而我们现在水果摊上见到的品种却是番木瓜（ Carica papaya ，番木瓜科番木瓜属）。对于宣木瓜，无论是传统医学文献还是现代药典，其功效都没有提到丰胸。在关于丰胸的讨论中，大家所提到的更多是番木瓜。

木瓜蛋白酶：分解蛋白，不丰胸。所谓“蛋白酶”，它的功能就是分解蛋白质。它能够把蛋白质大分子打碎成小的片段。大名鼎鼎的嫩肉粉的主要成分就是木瓜蛋白酶。它可以分解肉类中的蛋白，让肉的机械强度变小，从而让肉变软变嫩。不仅食品工业中使用嫩肉粉，国外民间也有将木瓜汁液滴在牛肉上，让牛肉更鲜美的烹调方法。

然而，蛋白酶必须和蛋白质直接接触才能产生作用。我们把木瓜吃到嘴里，木瓜酶顺着食道滑到胃中，在这里被胃蛋白酶分解了（木瓜酶本身也是蛋白质），根本不会有完整的、有活性的木瓜蛋白酶发挥丰胸的作用。更何况，以上考虑的还是生吃木瓜的情况。如果是煮木瓜汤，木瓜酶早就因受热失去活性了。总之，用这个观点来证明吃木瓜能够丰胸，纯属无稽之谈。

文胸 小胸女如何通过文胸大转型

小胸部也能打造“丰满假象”。只要你足够了解文胸，选择能够帮助提升胸部丰满度的文胸款式，那么就能够轻松简单实行大转型。

小胸女的最佳之选1/2罩杯

适合各种体型的3/4罩杯

全效丰满的全罩杯

罩杯选择

1. 小胸女的最佳之选 1/2 罩杯

1/2 罩杯比较适合胸部娇小的女生，其杯体较小，正好能够服帖娇小的胸部，并且能够让娇小的胸部不会被完全遮盖住，以免因完全隐藏而使胸部在视觉上变得更小。此外，1/2 罩杯能够让娇小的胸部得到保护和增强立体感，若希望在视觉上让胸部变得更加丰满，则可以选择有内缝杯的款式，利用文胸插片来调整丰胸的效果。

2. 适合各种体型的 3/4 罩杯

它是文胸设计中集中效果最好的款式，不完全包裹胸部，1/4 露在外，胸形完美又呈现乳沟。其特点是开骨线呈 V 形，内插棉可以根据需求倒立或斜放，受力点在肩带上。这款文胸适合各种体形，可搭配套装、西服等领子较小的服饰。

3. 全效丰满的全罩杯

全罩杯可以将乳房全部包于罩杯里，它具有很强的支撑和提升效果，大胸部女生可随意选择。小胸部的女生也可以选择全罩杯文胸搭配运动、休闲装，既舒适又能修饰胸部的形状。

内缝杯是秘密武器

内缝杯解说

文胸设计师创造了一个魔幻般的文胸构造，一个小小的内缝杯就能让文胸彻底“变身”，打造出不同的塑形效果，并给女生自由改变胸形的权利。

对于一些两边胸形不对称的女生来说，挑选文胸是非常头痛的事情，因为根本不可能有两个杯形大小不一致的文胸，而内缝杯的设计可以自如的插入胸垫，即使两边胸形大小不一致也可以通过胸垫来调节杯罩大小，给胸形大小不一样的女生带来福音。

当然，内缝杯的设计也不是万能的，它只能在一定范围内给广大女性在选择文胸和改变胸形时，提供了一种更为简便有效的选择。我们还是要针对个人的胸形选择合适自己的文胸，才能更好地保护胸部。

根据胸形挑对文胸插片

文胸插片可以自如运用，并且操作简单，女生们可以根据自己需求的效果来选择不同的插片，让文胸的魔力千变万化。

胸部比较娇小的女性可以利用较厚的插片让文胸充实起来，从而带来更强的丰胸效果；胸部有下垂现象的女性可以选择上薄下厚的插片，以更好地提拉胸部，让胸部得到升高和集中；胸部有外扩现象的女性可以使用较长形的厚插片，来帮助集中和收拢胸部。

文胸插片要对应文胸款式

不是所有的文胸插片都可以使用在任何一款文胸上，在使用时要根据插片的弧度和文胸款式的弧度来进行搭配，选择弧度相近、相对应的款式，这样才能让文胸插片合理放置，并且穿着舒适。

四种内衣插片的具体用法

想达到“丰胸”效果不一定要冒险地去做隆胸手术，其实借助一些小物件就能够轻松达到目的，且不会伤害到身体。

橄榄形

橄榄形的插片最能提升丰胸效果，它上薄下厚的设计能够填补空洞的罩杯，从而达到罩杯立升的效果。

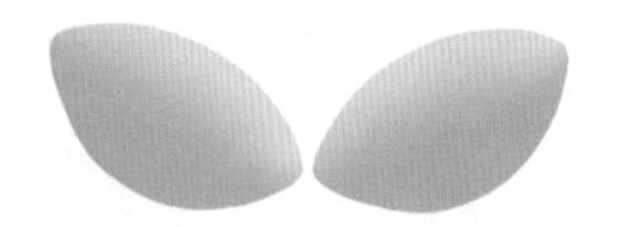

适用内衣类型：

3/4 罩杯 ● 5/8 罩杯 ●全罩杯

月牙形

月牙形的插片是最细长的一种，它的主要功能是帮助胸部聚拢，防止胸部外扩；如果想通过它达到升杯效果，还需要搭配其他形状的插片一同使用。

适用内衣类型：

1/2 罩杯 ● 3/4 罩杯 ● 5/8 罩杯 ●全罩杯

水饺形

水饺形的插片两端的厚度都很均匀，它能够起到提胸和集中的效果。比较适合胸部下垂以及胸部外扩的胸形，也可达到一定的丰胸效果。

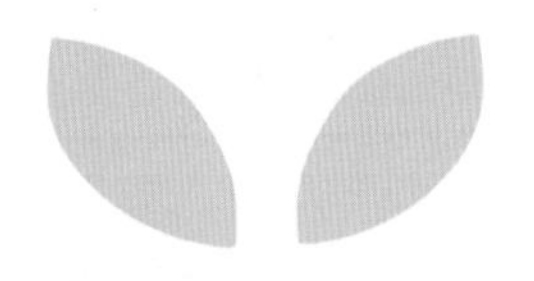

适用内衣类型：

● 1/2 罩杯 ● 3/4 罩杯 ● 5/8 罩杯 ●全罩杯

碗形

碗形插片属于比较大的插片，它有很好的升杯效果，但由于面积较大，使用起来会有局限性，可以在某些特定场合使用。

适用内衣类型：

●抹胸款 ●比基尼 ●全罩杯 ●泳衣

文胸插片使用须知

TIPS 1：橄榄形的插片最能提升胸部罩杯，它上薄下厚的设计能够填补空洞的罩杯从而达到罩杯立升的效果。

TIPS 2：由于橄榄形插片所占体积较多，不适合罩杯较浅、下半杯容积较小的文胸款式，这样会让胸部太满而溢出，甚至造成乳头超过罩杯外露的现象。

TIPS 3：月牙形的插片是最细长的一种，它的主要功能是帮助胸部聚拢，防止胸部外扩；如果想要通过它达到升杯效果，还需要搭配其他形状的插片使用。

TIPS 4：月牙形的插片比较细长，如果罩杯两侧的高度不够，可能会导致月牙形的插片外露出来，既影响美观也达不到它的聚拢功能。

你所不知道的冷知识

TIPS 1：请更换你的文胸插片

长时间使用同一副文胸插片又不进行清洁和清洗的女生，一定要记得定期更换你的插片，因为肉眼看不到的细菌正在侵入你的身体，会对胸部皮肤带来危害。因此不可忽视插片的清洁工作。

TIPS 2：文胸插片越厚越好吗

为了追求丰胸效果，很多女生会选择使用非常厚的插片，这样会让你的胸部看起来不太自然。因此使用插片后，要注意审视自己的胸形是否匀称自然，使用较厚的插片时注意不要对胸部造成压迫。

Happiness
BROOKLYN

正视肩带的重要性

肩带是文胸很重要的一部分，它的设计是否规范直接影响到穿戴的方便性，而更重要的是，文胸是否合适往往取决于肩带。

穿着文胸首先是为了固定胸部，在日常活动中也能保持优美的胸形，而肩带就如同马车的缰绳，是稳固胸形的重要介质。

无论固定还是造型，使胸部挺立是最基本的要求。为了达到这一效果，罩杯要有承托功能，侧肋要有加固的力量，然后就是肩带的拉力作用了。

为了达到提拉胸部的效果，肩带要使用编织紧密并有一定厚度的丝带。然而勒得太紧，肩部肌肉就会疼痛，因此肩带又要有一定弹性，这样我们在活动时肩膀同样舒适自如。

很多时候，肩带的选择不合适会造成滑落现象。其实如果选择了适合自己肩形的肩带，你的烦恼就能够得到很好的解决。

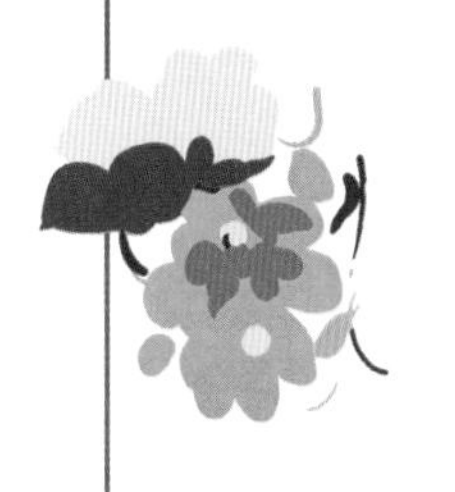

文胸肩带作用分解

稳固：文胸肩带负责将文胸稳固地穿在身上，没有肩带的文胸其稳定性、牢固性将会大打折扣。

承托：文胸肩带配合罩杯对胸部起到承托的作用，帮助保护胸部在日常生活中保持一定的稳定性，不受震动的影响。

集中：肩带同样能够对胸部起到集中收拢的作用，将胸部提拉抬升，同时对胸部两侧和根部的拉力起到集中的效果。

提拉：肩带在承托胸部、支撑起整个胸部的同时，也起到提拉抬升胸部的作用，让胸部挺立自然。

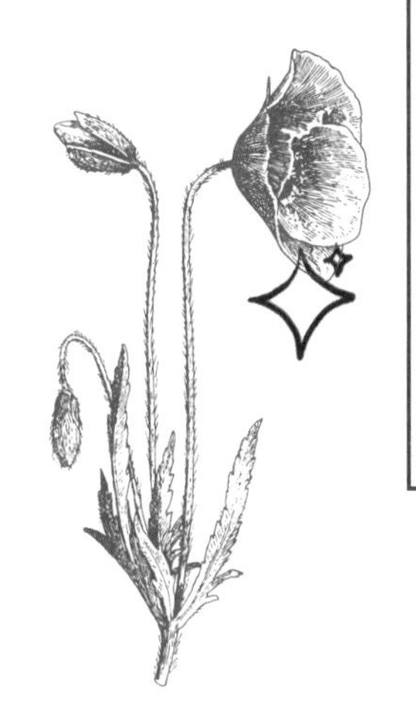

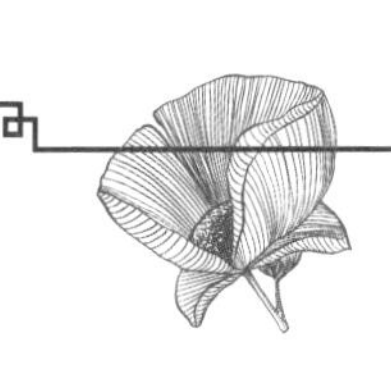

穿衣　小胸女如何通过服饰变骄傲

小胸部的女生也可以通过穿衣技巧来改变胸形，选择适合自己身形的衣服就能够穿出更好的身形比例，让胸部显得更加自然挺拔。

这样穿更显胸形

TIPS 1：选择胸前有抓褶或绑带设计的衣服，可以借助胸前的褶皱来增加胸部的饱满感，会让胸部看起来比较大；胸前有蝴蝶结设计的款式，同样能够帮助提升胸形。另外，娃娃装也是不错的选择。

TIPS 2：选择有纹路的布料或横线条上衣，可以从视觉上增加胸部的线条感，让上围看起来丰腴些。

TIPS 3：选择较宽版的连身长裙，里面搭配衬衫或针织衫，可加强丰胸视觉；衬衫能够很好地修饰出身形，搭配比较厚的文胸也能够起到丰胸的效果。

TIPS 4：两件式和多层次的穿法也可以打造视觉上的丰满感，如果内里穿着一件层次感的衣服，外套再搭配一件针织的款式，那么就能够让胸部显得比较丰满。

TIPS 5：泳装的款式不妨选择胸线有折边或褶皱的款式，有闪亮效果的布料也能让胸部更丰满，让整体造型更加匀称。

千万别这样穿

TIPS 1：太露、太紧的上衣会毫不留情地暴露你的缺点，因此要避免穿着过于贴身的单衣，这样只会让胸部看起来更单薄。

TIPS 2：领形的挑选是重点，翻领的设计很适合你，但是要尽量避免高领及大圆领，因为它们会让你的胸部比例拉宽，在视觉上看起来更扁平。

TIPS 3：舒适而贴身的衣服会显露胸形，不妨在外面搭配背心或小外套，这样看起来比较有层次，特别是柔软宽松的单衣，会让你看起来更单薄。

TIPS 4：厚重的布料不适合你，选择质软但不松垮的剪裁比较能突显身材，过于厚重的材质只会让人看起来很笨重。

TIPS 5：丝质上衣、针织衫单穿是禁忌，尽量做两件式搭配，否则你的胸形就会“显露无遗”。

I
YOU

I
YOU

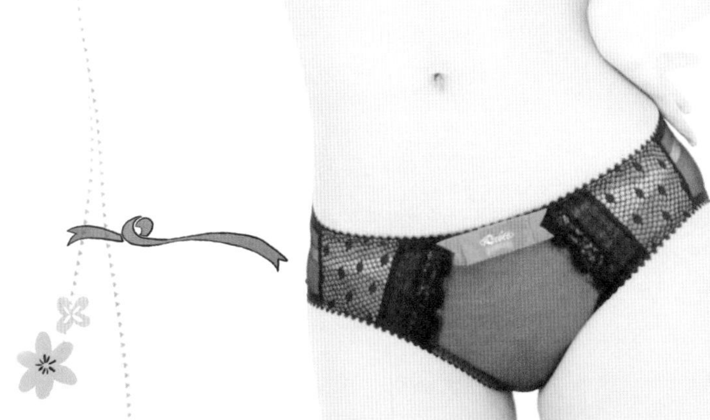

关于文胸和服装穿搭的问题

别以为穿好合身的文胸就能万事大吉，文胸和服装也有搭配法则。正确的搭配能够让整体造型更加优雅完美。

Q1 穿白色 T 恤衫时配裸色文胸最“隐形”吗?

Answer：相比其他文胸颜色，裸色文胸最适合白色 T 恤衫。大多数女性认为，夏季的白色系及半透明衣裙，搭配白色文胸最保险，不会配错颜色，其实这是个误区。因为纯白色文胸在浅色和半透明外装下，会非常突出和显形，而裸色文胸因为最为贴近肤色，能达到最佳的“隐形”效果，不会造成外透尴尬。

Q2 穿露背上衣时怎么选文胸？

Answer：露背的礼服有专门的配礼服文胸，这种文胸的肩带在腰部交叉，既保证了文胸的安全和稳妥，又不会露出肩带，破坏礼服的优雅。如果是露背的休闲上装，可以搭配各种色彩、款式张扬的文胸，制造微露的性感。可以选择肩带纤细、成 X 形在背后交叉的比基尼式文胸，黑色就是不错的选择。

Q3 雪纺上衣有点透明怎么搭配才安全?

Answer：穿透明的雪纺上衣，就是要突出其轻盈飘逸的质地，所以千万不要在里面穿吊带或者背心，这样会破坏雪纺的轻盈质感，穿的人也会觉得很闷、不舒服。对于透明的雪纺上衣，选择接近肤色的裸色文胸最为安全。这种文胸，具有“隐形”的亲肤效果，搭配透明的雪纺材质最合适不过了。款式以轻薄为佳，设计越简单越好，如无痕的一片式裸色文胸。

Q4 穿黑色上衣时就必须穿黑色文胸吗?

Answer：黑色上衣不一定需要搭配黑色文胸，可视材质而定。如果你选择的黑色上衣材质透明，选择黑色的文胸，就算微微透出，也能有朦胧的性感美。而裸色、白色等百搭色的文胸如果被透出，没有更好的视觉效果，不建议穿着。如果黑色上衣不透明，可以穿着任意你喜欢的文胸款式。

Q5 穿衬衫时搭配文胸有没有特别的讲究？

Answer：如果衬衫的材质较为轻薄，可以选择接近肤色的裸色文胸，这样不会因为透出文胸的颜色而造成尴尬。其次，如果衬衣款式较为宽松，可以选择具有聚拢效果的文胸，这样能帮助塑造挺拔的胸形，让宽松的衬衫穿出十足女人味。如果是不透明花色的衬衣，对文胸的颜色、款式要求不高，可随意搭配。

Part 2 丰胸运动
练出抬头挺胸的自信身材

副乳 消除副乳，集中胸部周围脂肪

1 用热毛巾敷副乳大约 5 分钟至微微发热，再涂抹按摩霜，以促进血液循环。

2 将手指的第 2~5 指并拢，并和大拇指一起适当地用力，反复向右胸腋窝近腋前线内方向捏搓副乳，每侧各 30~50 次。

3 将左手的第 2~5 指并拢，指腹稍用力反复按搓右胸的副乳，左胸则用右手按揉，每侧 30~50 次。

4 右手大拇指稍用力反复按揉左胸副乳，右胸则用左手按揉，每侧 30~50 次。

激素　刺激卵巢分泌，增加丰胸雌激素

1

双手四指并拢，将两只手分别置于一侧乳房的上下两侧，双手做上下画圈交替按摩3分钟，采用同样的方法按摩另一侧乳房。

2

一只手放在一侧乳房的上方，另一只手放在同侧乳房的下方，轻轻托住乳房，由下往上沿着乳房两侧轻轻地按摩。

3

将右手的食指、中指和无名指并拢，由右侧乳房右上方顺时针画圈按摩3分钟，采用同样方式按摩另一侧乳房。

4

以双手的食指和中指，轻轻按压檀中穴，可以帮助促进女性激素分泌与活化（檀中穴位于两乳头连线的中点处）。

腺体　拉伸上半身，刺激腺体二度发育

1

双手握拳，沿着乳房外侧边缘以螺旋状方式按摩，先由内向外，再由外向内，每侧来回 5 次以上。

2

同样双手握拳，由内向外以螺旋状方式按摩乳房外侧至乳晕的位置，每侧 5 次以上。

3

由乳头中央向外以螺旋状方式按摩乳腺，每侧同样重复按摩 5~10 次。

4

双手分别从上下、左右的方向，向中心处轻轻地推挤乳房，每侧 5 次。

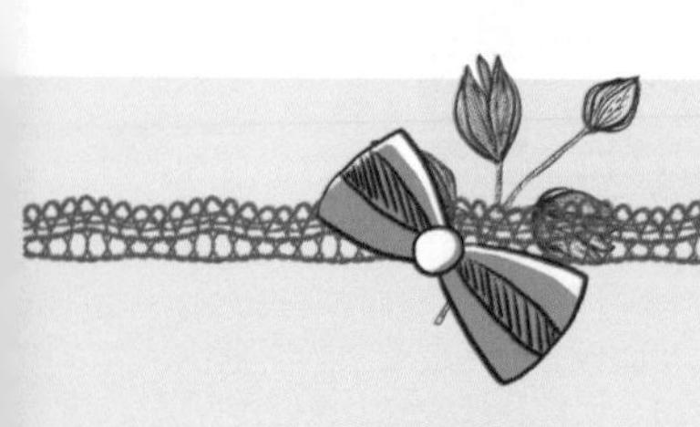

Hedonism

胸肌 拉伸胸肌，茁壮强韧胸大肌

1

用右手的虎口处，由下往上推按左胸部，强化胸大肌，并在胸大肌处轻轻地按摩1分钟。

2

用右手拇指、食指和中指，由乳晕处向外对角线方向按捏乳腺30次。

3

右手食指、中指和无名指，由乳房外侧向中心按拉，每侧30次。

4

用左手从背后拨动右胸，拨到前面后，四指合并轻轻按压乳房，每侧10次。

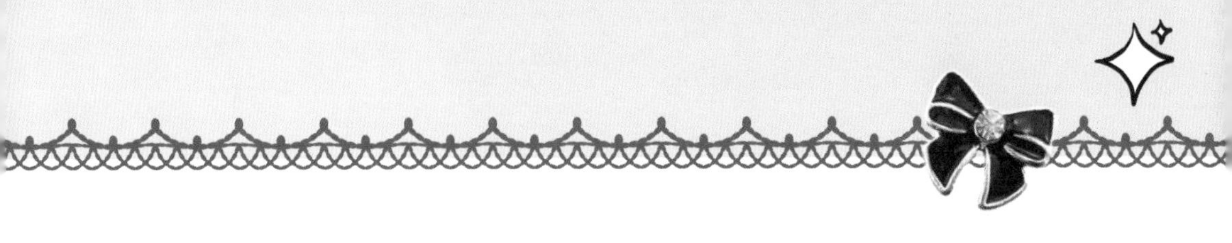

胸形　集中胸形，消除胸部周边赘肉

右手叉腰，左手四指合并放在右腋下。用大拇指从肩锁骨凹处由上而下呈扇形按推，左右各 10 下。

双手握拳，大拇指向上。用拳头的第二个指节，由锁骨的中心处往胸部下方按摩膻中穴，双手轮流按压，左右各 10次。

用手从腋下的位置向上提至胸部，左右各做 20 次，将多余脂肪集中至胸部。

将右手举起，左手从手臂内侧按摩至腋下，左右交替各做 20 次。

乳沟　美化乳沟，集中胸部脂肪

双手交叉，手掌包住胸部外围，用双手将副乳及乳房一起包覆住，向中间集中按压各 10 次。

用左手包覆右侧胸部，然后向锁骨中心处拨动，左右交替各 10 次。

双手握拳，从胸部上方沿着胸部外围向乳沟处画圈按摩，每侧按摩 30 次。

以乳晕为中心点，用双手的大拇指呈米字形按摩乳房周围的 8 个点。

女人都希望自己拥有迷人的曲线，但不是每个女人都能幸运地拥有完美的身材。所以我们要感谢发明文胸的人，他让女人可以用文胸瞬间改变自己的曲线，让自己的身材变得玲珑有致、曼妙迷人。

减肥篇

还在为穿不下那件漂亮的裙子而烦恼吗？还在为吃了太多垃圾食品而悔恨不迭吗？还在每天嚷嚷着要减肥却迟迟没有行动吗？减肥有方法，选对很重要。只有针对自身的肥胖因素，找到最适合自己的减肥方法，才能事半功倍。让我们一起来了解造成肥胖的恶魔因子，找到打败脂肪的必杀技。

Part 1 减肥知识

了解与肥胖息息相关的因素

血糖 别让体重跟着血糖一起坐云霄飞车

血糖主要来源于我们摄入的食物，它是维持人体机能必不可少的燃料。但是现代人由于饮食不规律、偏爱高糖高热量食物等，导致身体的血糖值忽高忽低，体重也跟着血糖值一起像坐云霄飞车一样变化。也许你一直不明白发胖的原因在哪里，今天要告诉你：这可能与血糖有关。

关于“血糖”的四条轻阅读

血糖维持在 80~100mg/dl 的人不易发胖

血糖，顾名思义指的是血液中葡萄糖的含量。进食不规律和突然间的暴饮暴食，都会导致血糖值陡降后急剧升高，如果你的血糖值长期如悬疑小说般跌宕起伏，那么增胖就在所难免了。换言之，血糖值稳定了，人的体重才会稳定。

腰围是血糖值最直观的表现

如何了解自己的血糖值？请拿起软尺量腰围吧！如果血糖值长期处在一个较高的状态下，内脏脂肪就会增厚，导致腰围变大。对女性来说，通常腰围在 90 厘米以上就表明内脏脂肪可能过厚，不时丈量自己的腰围看看血糖值控制的成效吧。

优质的睡眠能让血糖值下降

常常能享受深度睡眠的人不太容易发胖。现代人每天只能睡上 7 小时，提醒自己每天多睡 1 小时吧，这样能让血糖值平稳，减肥起来更容易。

压力会令血糖值上升

你是不是发现自己越忙越胖？没错，压力会令荷尔蒙分泌增加，导致血糖值上升。一定要学会调节情绪、释放压力，不要让压力陪你过夜，否则即使每天忙得连轴转也消瘦不下来。

血糖控制三步走

血糖平稳才是减肥的关键，但现代人不科学的生活方式和饮食习惯导致血糖值时高时低，体重也混乱不堪。

血糖控制第一步：改正不良的生活方式和饮食习惯

现代人生活节奏越来越快，饮食不调和饮食过量使血液中游离葡萄糖增多，导致血糖升高；而饮食不足，经常保持饥饿的状态就会促进糖的异生，引起血糖增高。所以改正不良的生活方式和饮食习惯是控制血糖的第一步。

早上急急忙忙赶到公司，到了 10 点才有空吃一个冷掉的汉堡包。

（身体长时间保持空腹状态，一旦突然进食就会使血糖值直线上升，不吃早餐也会胖的根源就在此。）

加班来不及吃饭，头有点晕，为了避免低血糖，就吃一碗能瞬间饱腹的甜食。

（减肥不禁糖也不禁甜，但禁空腹吃甜食，特别是冰淇淋、巧克力、奶油蛋糕等富含饱和脂肪的甜食。）

工作太忙，为了缩短进餐时间，都以流质易吞咽的食物为首选。

（忙碌的工作一再侵占私人时间，白领们常常喝滋补汤和暖粥，认为它们不仅养胃也易吞咽，草草打发肠胃后继续苦干。实际上咀嚼难度越大的食物越不会导致血糖值飙升。按导致血糖值升高的程度排序，从高到低依次为：糯米饭 > 大米稀饭 > 馒头 > 大米干饭 > 面条 > 饺子，减肥者可以参照上述顺序安排自己的主食。）

陷入只控制主食、不控制总热量的误区。

（为了减肥不吃主食，导致饮食失衡，身体很快就垮了。主食的责任是提供碳水化合物，特别是经过铣削或磨削加工的主食，它们的碳水化合物能减缓血糖升高的速度，是控制血糖不可或缺的元素。）

睡前低血糖导致空腹睡不着，就吃一碗泡面或者一个蛋糕。

（夜间十一二点的时候，由于距离晚饭时间已远，有些人开始出现低血糖的现象，心慌睡不着。这时你可以吃一点东西，但最好把吃夜宵的时间放在 10 点左右，接着在睡前做一些慢节奏的舒展运动刺激胰岛素的分泌，胰岛素能让血糖降低，这样即使吃了夜宵也不会发胖。）

血糖控制第二步：提升胰岛素的威力

胰岛素是人体内降血糖的主要激素，它的活性越强，人就越不容易发胖。怎样提升胰岛素的威力呢？首先要从刺激胰岛素分泌开始。

饭时苦瓜，饭后红茶

苦瓜性凉味苦，含有较多的苦瓜皂苷，能刺激胰岛素分泌，又有“植物胰岛素”的美称。饭后1杯红茶对减肥的人有好处，因为它能够刺激胰岛素的分泌，降低餐后血糖的峰值。

规律运动，减肥不怕重复再重复

真正能使胰岛素变灵敏的运动是一再重复的规律运动。例如慢走、慢跑、骑自行车等，不断重复的运动能使胰岛素更好地对抗血糖。

血糖控制第三步：减腰围就是降血糖

在前文中我们提过，通常女性腰围在90厘米以上就被认为是内脏脂肪过厚，如果你的体形是上下细、中段宽的“苹果形”，那么可以认定：你的体内脂肪比重显然过高，血糖值一直持高，危险性很大。

★内脏脂肪量目测法

脂肪的积聚形式分为梨形（即皮下脂肪）与苹果形（即内脏脂肪）两种，苹果形的新陈代谢紊乱概率更高，危险性更大。许多苹果形的女性看起来很瘦，但是体内脂肪比重显然过高。

体温　体温高低决定胖瘦与否

体温是女人管理身体的钥匙。也许你笃信：每个人的体温应保持在 36.5℃的常态，改变了就会生病。实际上，每个月人的体温都会随激素的分泌有高温期和低温期。根据体温还可以把人的体质分为“热性人”和“寒性人”，再结合“热则寒之、寒则热之”的方法，体温平衡了，减肥就变得简单起来。因此可以说，减肥成功其实始于一根小小的温度计。

关于“基础体温”

怎么知道自己的基础体温？也许你会马上联想到一堆精密仪器。NO！其实一个人的基础体温，凭一般规律就可以测试出来。

什么是基础体温？

基础体温又称为静息体温，是指女性经过 6~8 小时的睡眠以后，比如早晨从熟睡中醒来时的体温。根据基础体温的特征，可以判断自己的体质是属于热性还是寒性，由此能避免错信了与自己的体温特性不相符的减肥方法。

基础体温在 1 个月内的变化

从减肥成功的条件上看，1 个月内能够成功的就只有短短几天。例如在生理期开始的 2 周内，人的基础体温蛰伏，温度是偏低的，这时减肥就难以成功；而从生理期开始的第 16 天后，基础体温就会慢慢爬升，这时减肥最有效，一点点小尝试都会大获成功。

易胖——低体温的危害

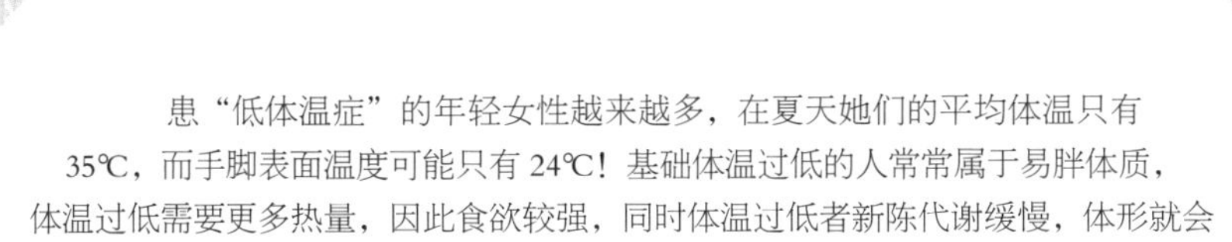

患“低体温症”的年轻女性越来越多，在夏天她们的平均体温只有35℃，而手脚表面温度可能只有24℃！基础体温过低的人常常属于易胖体质，体温过低需要更多热量，因此食欲较强，同时体温过低者新陈代谢缓慢，体形就会在这两种方向完全相反的作用力下越拉越宽。

低体温是减肥最大的阻力

体温每下降1℃，免疫力可能下降30%，当体温降到35.5℃时，就会出现排泄机能低下、植物神经功能紊乱和过敏症状，这些都不利于减肥。

体温较高的人，体内酵素分泌活跃；体温低的人酵素活力低，特别是消化酵素，就算节食也难获成功。

低体温的人，手脚等末梢血管会紧缩，血液自然不易流通，因此特别容易出现局部肥胖。

基础体温低，人易失眠、肢体无力，无论是运动还是其他的减肥方法，都比一般人更难坚持，因为你没有办法提供减肥的永续动力。

Elegant

改善低体温，成功减肥第一步

1. 适当地吃一些高热量的小食品

干果、坚果仁等能为身体提供碳水化合物（相当于引燃的树枝）和蛋白质（相当于火堆中的木材），让身体有可供燃烧、以提高体温的原料，可适当进食。

2. 通过中医改善手足冰冷

在夏天依旧出现手足冰冷现象的人，可以通过中医改善低体温的症状。在减肥过程中不要轻易尝试清热解毒的药材，因为它们会让你的体温降低。

3. 适当“生食”

这是日本流行的生食减肥理念，建议大家可适当地吃一些水果沙拉、生鱼片等生食，因为生食特别是蔬菜，富含酵素和其他营养物质，其蕴含的能量是熟食的2~3倍以上，能有效激发身体产热，促进新陈代谢。

成功减肥，冷热有别

了解自己属于热性人还是寒性人到底有多重要？它可以帮你找到很多减肥失败的原因。例如为什么小A用冷绷带减肥没有效，但转而用发热型的辣椒瘦身霜就马上瘦了下来；而小B经常蒸桑拿都没有减掉1千克，却依靠游泳成功瘦身？因为小A属于寒性人，小B属于热性人，原因就很快找到了。

体质	**热性人** 体温高	**寒性人** 体温低
基础体温特点	1. 早晨5~6点时常常被热醒，有蹬被子的习惯。 2. 无论冬夏，手心常暖。 3. 到了夏天必须整夜开着空调或风扇才能入睡。 4. 常常大汗淋漓。 5. 对热性食物非常敏感，容易长痘、口舌生疮。 6. 喜欢冷饮。	1. 即使在夏天，手脚也是冰冷的。 2. 每次游泳，嘴唇都是紫色的。 3. 生理期特别长，正常人是4~5天，寒性人会延长到7天左右。 4. 容易便秘、胃胀气。 5. 如果坐或站的姿势不对，很容易手脚发麻。

汗液　对减肥而言出汗才是正经事

冬天谈出汗？这个反季话题并不是无病呻吟。体重管理专家表示，出汗是人体正常的生理现象，即使在冬天也应该让身体适当出汗。不出汗或者少汗，才是导致酸性体质和肥胖的重要原因。

出汗，并不是只在夏天才有意义

帮助改善酸性体质

有一种能致人肥胖的现象，被称为“生命里的死海现象”，指的是现代人因为不运动、不出汗，导致体质偏酸，而体质偏酸的人大都肥胖。控制体质偏酸必须出汗，多做运动多出汗，可以帮助人体排出多余的酸性物质，使身材苗条。

出汗在冬天的意义甚至超过了夏天

冬天是进补的好时节，食物也以燥热、热量高的为多，会使人出现内热。出汗是一种调节体温的模式，到了冬天这个模式必须立刻开启，出汗等于排毒解热，调节了冬令的饮食方式，对减肥是非常有利的。

出汗，是衡量运动量是否足够的简单方法

跑多久才能瘦？爬多少阶楼梯我才能停下来？在没有计步器或者心率手表等运动量监控仪器时，感觉到微微出汗和背部丝丝凉，你就可以考虑随时停下来了。微微出汗，是冬季运动基本达标的判定方法，不得不说这种判定方法十分简单。

Sport

一滴汗的减肥历程

出汗有三种

温热性出汗：由体温升高、运动而引起的，通体皮肤都可全面性地出汗。

精神性发汗：由精神波动、情绪刺激等原因所引起，发汗主要见于手掌、足趾和腋窝 3 个部位。

味觉性出汗：吃某些刺激性的食物（如辣椒、大蒜、生姜、可可、咖啡等）后引起的多汗。

我们提倡通过运动达到适当的温热性出汗，这对人体各脏器组织代谢有促进作用。另外，借助发汗食物、利用味觉刺激出汗，也可以达到调动体内循环的效果。

冬天，出汗才是正经事

冬天发汗运动首推

能达到减肥效果的发汗运动，必须具有以下这些特征：

1. 动作幅度较小、热量消耗较大；
2. 有氧运动；
3. 锻炼时间都比较长，不少于 30 分钟；
4. 微微出汗，绝不大汗淋漓；
5. 舒适，强度不大，心脏负荷小。

符合这些特征的运动有：跳绳、慢跑、快步走、游泳、骑车等。

注意：举杠铃、做仰卧起坐等在瞬间屏息发力的运动一般属于无氧运动。

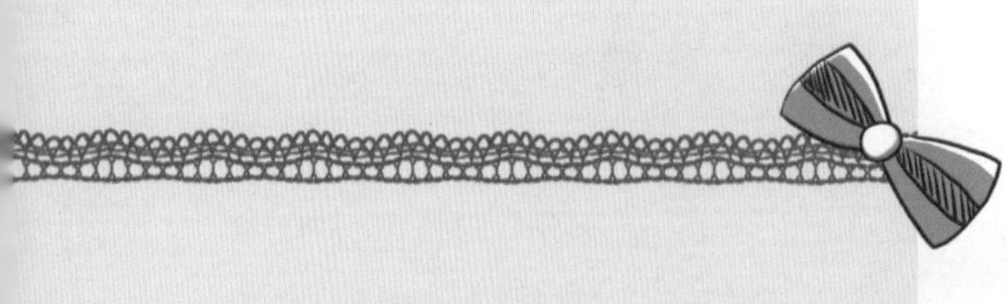

出汗减肥三大疑惑

是不是饮水量大出汗就多？

在运动前喝水能确保身体畅快甩汗，但并不是越多越好。运动前喝一些温水，你会发现身体更容易出汗，而且出的汗略带酸味，这意味着参与体内循环的水如果是温暖、比体温略高的，就能带走更多的毒素，对减肥的作用就越大。

是否出汗就能燃烧卡路里，即使你不运动？

不运动单靠穿着厚重的衣服等方式促使出汗，你只会感到不舒服并且危险！单靠衣物捂出汗不会有任何脂肪细胞损失，也不会燃烧卡路里，只会单纯令你的身体失水。因此出汗和运动是不能分离的。

出汗后怎么补水？

不要过急地喝太多的水，避免血液被稀释后引起头晕，也不要马上吃下过多的食物。补充半杯加一点盐的温水即可。如果你体质比较弱，仍想每天坚持减肥，可以来一杯室温的鲜果汁。水果可以有多种选择，复合口味更好，它不但能补充矿物质，还能补充糖分来满足能量需要，这样身体就不会因大量出汗而感到疲乏无力了。

一心多用型

边吃晚餐边看电视，边吃早餐边看报，边听音乐边吃饭，或者在家看电影时，零食准备得比电影院还全，一部电影还没进入尾声，往往一整袋土豆片或爆米花已经见底儿了。如果你喜欢这样做，那么你的“饮食性格”应该是一心多用型。

破坏力

有研究发现：边看电视边就餐的人，往往比专心吃饭的人要多摄入 20%~60% 的卡路里。

对策

1. 一到开饭时间，最好立即将电视关掉，专心享用菜肴。享受食物时，应该是乐意吃、吃得好、吃得香。而边干其他事情边吃饭，其后果则是吃得快、吃得多。

2. 选吃一些营养高、热量低的食物，并使用小餐具盛纳。这样即使你一时改不了看电视的恶习，也不得不因尚未吃饱而经常站起来添加饭菜，从而为大脑发出饱感信息赢得足够的时间。美国医学家最近对 50000 名女性进行了一次调查，其结果表明，晚上电视屏幕闪烁的光线能导致人体分泌应激激素，人的睡眠以及体内脂肪的燃烧都会因此而受到干扰。因此，最好在上床睡觉前 1 小时就将电视关掉。

周末补偿型

周一到周五过着苦行僧般的日子，对饮食非常节制。一到周末就解放了，馋了一周的嘴就等着这两天呢！让所有的食物来得更猛烈些吧，反正一周就放纵这么两天！问题不大！如果你的嘴遵循这样的规律，那么你的“饮食性格”应该是周末补偿型。

破坏力

美国有关机构对居民体重最新调查的结果显示：每逢周末便毫无节制的大吃大喝，其对身材的危害远大于偶尔一时的解馋贪食。

对策

1. 周末如果想多睡一会儿，可以考虑推迟午餐时间或取消晚餐，也可以取消午餐，晚餐早点儿吃，以减少不吃午饭的不适。

2. 周末常常有应酬或是家庭聚会，免不了喝酒。其实葡萄酒或是啤酒也应该计入正餐所摄入的热量，因为人体需要先将酒精予以分解，因此当你被酒类填满肚子时，就该减少进食了。

贪图方便型

方便面、方便粥、方便粉丝、方便米饭、方便汤、方便罐头……厨房里堆满了这些方便食品，真是太感谢现代科技了！下次朋友聚会的时候，就是来个方便晚宴都不成问题！你也钟爱这些方便食品吗？几分钟就搞定一顿饭，多完美！如果是这样，那么你的“饮食性格”应该是贪图方便型。

破坏力

有研究显示，方便食品基本都添加了增味素（如味精），这类物质可能引起人脑中调节饥饿感觉的神经细胞产生功能障碍，从而使人吃进更多食物，导致体重增加。

对策

1. 方便食品中含有一种叫作磷酸盐的添加剂，它可以改善方便食品的味道。但是，人体摄入的磷过多，就会使体内的钙无法被充分吸收利用，容易引起骨折、牙齿脱落和骨骼变形，所以经常吃方便食品的人要注意补钙。

2. 在不得不食用方便食品时，把关要从选购时就开始。应注意看一下包装的说明书，避免购买那些含有增味素（味精）和增甜剂的方便食品。

早餐屏蔽型

“我当然也乐于吃早餐，但刚起床时我的喉咙好像给卡住了，一口东西也咽不下去！”你正在频频点头，表示赞同这个观点吗？那么你的“饮食性格”应该是早餐屏蔽型。

破坏力

早上什么都不吃，其体重增加的风险将上升 35%~50%。这是剑桥大学对 7000 人进行跟踪调查得出的结果。此外，医学研究也证实，长期不吃早餐者容易患上胆结石。

对策

1. 早上早起半小时，这样，你就有更多时间去培养每天吃 1 份健康早餐的习惯。最佳的早餐搭配是复合碳水化合物（如未去麸的面包或低糖混合麦片）、蛋白质（如酸奶或鲜乳酪）和维生素（如 1 块水果）。如果你不爱吃甜食，那就吃 1 个西红柿、几片黄瓜或 1 根胡萝卜。早餐的热量应保持在 250~400 卡（1 卡≈ 4.185 焦）。

2. 如果你总是贪睡到最后 1 分钟才起床，那么在你起床后的 1~2 小时要补吃早餐。否则工作一忙碌起来，你就会变得饥不择食，很容易吃进更多热量，后果自然是你的身材彻底变形。

激素　身体激素掌握体形关键

以往减肥我们都爱看血型或者体质。现在有一种新的观念要求我们学会观察身体激素的变化。身体激素千千万，可有这么一些激素偏偏影响了我们的胖瘦——例如胰岛素、雌激素等等。激素是身体的指令官，如果可以从生活方式、饮食上控制这些激素，不仅可以成功减肥，而且更省力气。

身体潜伏了哪些激素小信差？

激素	解释	导致发胖的原因	我们得到的启示
胰岛素	影响食欲的一大因素就是由胰腺分泌的胰岛素。	饮食不规律或吃糖过多，会增加血糖含量，还会使胰岛素含量增多。而胰岛素增多又会刺激你想吃更多的糖，就像恶性循环。结果可想而知：腰围一圈圈增大。	每天三餐时间固定，不把甜食当爱好，胰岛素就不会作乱。
皮质醇	压力很大时，肾上腺会分泌一种叫作皮质醇的激素，让人们能强忍辛苦，继续工作。	科学家已经发现，工作压力大的女性，其体内皮质醇含量比普通人高，她们更喜欢吃东西，而且吃得比普通人多。	一天辛苦工作或者考试过后，不要忙着马上进食，喝些汤小坐一下，缓解压力后，肠胃就不会紊乱。
雌性激素	作为性激素的一种，也许你在服用药物后得到了过多的雌激素。	雌激素过多时，你会不自觉地对糖、巧克力等零食产生兴趣，体重就这样悄悄增加了。	不吃来路不明的药物，特别是那些能引起月经变化的药物。
胃饥饿素	一项最新研究发现：即使节食，也不能让体重下降的原因，还与一种被称作胃饥饿素的激素有关。	如果你常常觉得吃不饱，那么你体内胃饥饿素的含量会增加。那些采取节食的方法减肥的人，体内胃饥饿素的含量比正常人要高出 24%。	节食不是想办法让自己不吃，而是吃得少却吃得饱。足量的纤维食品和肉类提供的脂肪都是必需的。

Maybe

你是激素平衡美人么?

激素属于身体的微量组成部分，虽然分量少但起的作用却相当大。一般来说，激素分泌失衡，减肥就更有难度。

请回答下面的10个问题，如果有此类情况，则得相应分数；如没有，则不得分。

1. 睡眠不好，睡眠质量差（2分）
2. 总感觉自己精力不济，呵欠连天（4分）
3. 记忆力衰退，没有笔记本就想不起一些事情（2分）
4. 头发掉落比较严重（4分）
5. 面部松弛有皱纹，还非常容易起斑（6分）
6. 生理期往往很难过，睡也睡不着，吃也吃不好（4分）
7. 伤口愈合慢（2分）
8. 容易低血糖，时不时会头晕（2分）
9. 食欲亢奋，常常有强烈的饥饿感（4分）
10. 免疫力降低，经常感冒（4分）

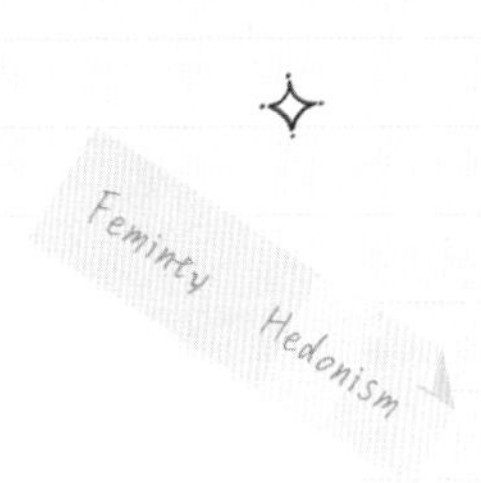

答案：

得分在10分以下

表明你的激素基本正常，只要保持正常的饮食习惯就可以顺利减掉体重。

得分在10～20分

表明你可能存在轻度的激素分泌异常。要注意检查自己有没有吃过不该吃的药物，检查自己爱喝的饮料或保健品（包括蜂蜜、花粉等）中有没有添加激素。

得分在20分以上

提示你可能存在激素分泌异常。要积极观察自己的生理期反应，一般生理期很难受的女生有一定的肥胖烦恼。

肥胖零威胁，激素安抚计划

我们知道护理皮肤讲究水油平衡，那么对于减肥来说，怎么做到激素平衡呢？

对策 1：食补激素比较安全

女生不能缺乏雌激素，为了保持皮肤的光泽和生育生理功能，必须适量摄取雌激素，但不要轻易借助药物。

需要减肥的女生可以多摄取含有异黄酮的食物，特别是大豆和豆制品。木脂素也是一种很好的植物性雌激素，你可以通过吃扁豆、谷类、小麦和黑米以及茴香、葵花籽、洋葱等食物获得它。足量的雌激素可以保障你不会减肥减成干干瘪瘪的假小子，保证身材的丰满和肌肤的水嫩。

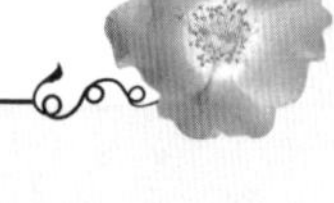

对策 2：压力有害，不靠“压力运动”减肥。

哪些运动属于压力运动？即那些讲究美仪、美态或者讲究团队配合的运动。反应力迟钝的减肥者要避免参加需要技巧和反应能力的运动，例如网球、壁球等，这些运动可能使你因失误、失利而引起情绪波动，减肥会因挫败感而受阻。

最适合减肥者的应该是能自己练习、没有压力的运动。例如游泳、骑自行车、慢跑，千篇一律地重复的，最没有新意的运动正是最有成效的。

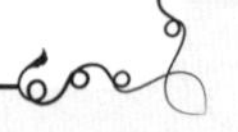

Part 2 减肥利器
认识最新潮的减肥辅助产品

代餐粥 营养美味的神奇减肥代餐品

现代人因为工作忙碌，用餐的时间越来越少，而减肥的人更喜欢吃一些流质食物，所以代餐粥迅速走红了，DHC 、朝日 Asahi、明治等一些大牌也很快地推出了自家品牌的代餐粥。它们普遍含有三餐所需的维生素和营养物质，且具有低热量、低卡路里、低脂肪的三低特点，能帮助需要减肥的人合理地控制食欲，适合在一日三餐中替换正餐或者在饥饿的时候食用。

这些情况下，请你对代餐粥大胆说爱

因为节食存在营养不良、贫血、乏力、晕眩、脱发等症状。
不喜欢单纯的谷物类代餐棒，或者认为它们压根不管用。
因为工作繁忙，没有足够的时间为自己制作减肥营养餐。
尝试多次，都无法摆脱粥、粉、面、米等主食的人。
患有肠胃疾病，例如慢性胃炎等，不能单纯通过水果、蔬菜等生冷食品瘦下来的人。
食量大，或者处在减肥刚开始的阶段，还不能很好地管住自己嘴巴的人。

三大类代餐粥，一种代餐粥就只治一种肥胖

A 仿味型代餐粥

适合：不减轻体重，只希望维持体重、保持身材的人

这种代餐粥除添加了一般代餐粥都含有的大米、糙米、食物纤维成分之外，还添加了增味剂来模拟牛肉、咖喱等热量较高的食物的味道，在满足了减肥者口味上的喜好之余，又减少了肥胖的危险。

在刚刚减肥的起步阶段，欺骗味觉的确能满足口腹之欲，可以减少一些舍弃美食的痛苦。当然增味剂这类添加剂也是有一定热量的，在减肥的进程中可以慢慢地放弃仿味型代餐粥，选择更专业的代餐食品。

B 养生型代餐粥

适合：体质虚弱、减肥易出现营养不良、贫血症状的人

无论节食还是运动，减肥的基本原则都是要做到消耗大于摄入，但是对于体质虚弱的人来说，消耗大于摄入又是一个“自杀”的过程。为了满足这部分人的需求，代餐潮又吹起了养生风，厂家开始将一些 Q10 辅酶、玻尿酸、各种氨基酸、大豆异黄酮等有益元素添加到代餐粥里，主攻体质虚弱以及工作繁忙、希望通过食物补充精力但又能兼顾减肥的职业人群。

东远蜂蜜蔬菜粥

清香营养的蜂蜜蔬菜粥饭能满足肠胃需求，并且每碗热量不超过 200 千卡，即使当夜宵吃也不会有肥胖危险。

葱香鸡茸粥

浓浓鸡汤粥，每包都含有蛋白质、钠元素和碳水化合物，一包的热量只有 103 千卡，可以较好地控制脂肪摄入。

混合了七种谷物，富含多种维生素和矿物质优质玉米粉的早餐麦片营养丰富。

Post 七谷早餐营养麦片粥

长青谷典蔬菜百汇燕麦粥

蔬菜百汇燕麦粥为无糖奶精配方，含有白芝麻、卷芯菜、紫山药、菠菜等营养果蔬，是忙碌上班族的优质代餐粥，还含有丰富的膳食纤维，同时能够帮助消化。

C 辅食型代餐粥

适合：体重减少在 10 千克以上，以及正在执行严格节食减肥计划的人

辅食型代餐粥，顾名思义就是为严格执行减肥计划起辅助作用的，它们一般都对热量进行严格的控制，不含或只含极低的卡路里。除了精白米做粥的原料之外，其余元素均根据人体所需进行营养搭配，维生素和矿物质的含量都按人体每日需求设计，在不摄食其他食物的情况下，仍然能满足人体基本的生理需要。

朝日 Asahi80kcal 豆乳+海鲜粥

每份粥均含有精白米、蛋白质、促消化的豆乳和高纤蔬菜，一袋只有 80 千卡的热量，可用于替代一日三餐，帮助减肥。

Diet Navi
红薯土豆粥

添加了足量的膳食纤维，食用完就可以感觉到肠胃通畅、身体轻盈，每包只有 240 千卡的热量。

KEEP
CALM
CARRY

瘦腿裤 悄无声息改变遗憾腿形

作为最贴身的瘦身伙伴，瘦腿裤在管理赘肉、提升线条和收拢曲线等方面的效果的确是最立竿见影的。如果你有长期的瘦身计划，那么给自己购买一条合适的瘦身裤吧，这就等于给理想中的身材加了一个完美的框架。

自问自答：你需要依靠瘦腿裤减肥么？

Voice 1：没有坚持锻炼的习惯，所以肌肉很容易松弛，即便没什么脂肪，肉也是松松的。

（瘦腿裤是最有用的物理支架，当然前提是它足够舒适。）

Voice 2：常常感到全身或腿部莫名酸痛，属于易水肿体质。

（分阶段施压的瘦腿裤能帮助水分和血液泵压回到动脉和心脏。）

Voice 3：从事一份需要久坐或者久站的工作。

（站姿和坐姿不对，导致脂肪分布在错误的地方。）

Voice 4：身体上的肌肉比较少，所以忽胖忽瘦，容易反弹。

（全身的肌肉就是天然的塑身网，肌肉少的人复胖非常快，体形忽胖忽瘦。）

Voice 5：除了脂肪和赘肉，你还想解决一些其他问题，例如臀部下垂、O 形腿等。

（大部分瘦腿裤的作用都很全面，既能燃烧脂肪，也兼具塑身功能。）

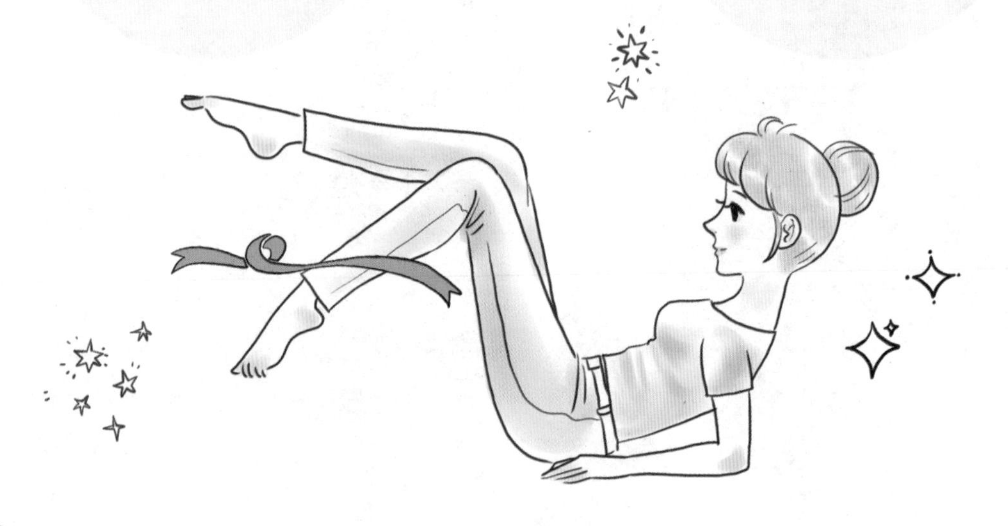

Health

马上就能穿上的瘦腿裤播报

春夏季适用

第一类：5分型瘦腿裤（专门消除大腿周围的脂肪）

第二类：3分型瘦腿裤（集调整骨盆和美臀功能于一体）

为什么我们在市面上很少看到7分型瘦腿裤？

市面上的瘦腿裤一般都是3分短裤、5分中裤和长裤居多，7分裤之所以不流行，是因为瘦腿裤一般都采用锦纶、氨纶等弹性材质，在一定程度上会影响膝盖的活动；也因为有些产品采用分段Pa值设计的，而从小腿中间开始的7分设计，就失去了从脚底到大腿逐渐增压、促进循环的意义了。

5 分型瘦腿裤

适合的人群：

1. 大腿、胯部赘肉较明显，行走时明显感到大腿赘肉在晃动的人群；

2. 久站久坐人群；

3. 骨盆歪斜导致的腿部粗细不匀的人群。

适合穿的时间：

1. 刚进行完腿部锻炼或腿部按摩，腿部刚出过汗，还非常紧致，此时穿上 2~3 小时，能更好地确保减肥成果；

2. 要在电脑前坐 3~4 小时时，可以穿 5 分型瘦腿裤，将臀部赘肉往内拨、提气、收紧骨盆，能有效防止臀部因为久坐产生的外扩；

3. 需要穿着紧身裙或布料贴身的裤子时，穿上它就能避免赘肉晃动的丑态，而且可以有效避免汗湿的尴尬。

正确穿上 5 分型瘦腿裤：

穿瘦腿裤时，里面最好不穿或只穿丝薄、无痕的低腰内裤，尽量不要穿有蕾丝、花边等比较臃肿的内裤，以免导致不适；

穿的时候最好是站姿，吸气、收胃和腹部，一边把瘦腿裤往上提，一边用手指将赘肉往上或往内拨；

观察所购买的瘦腿裤，依据它的廓形调整体脂和赘肉。例如，一件瘦腿裤外观上有明显提臀的网线，你就必须把臀部的肉尽量都调整在网线范围内。

3 分型瘦腿裤

适合的人群：

1. 大腿根部较粗、臀部赘肉较明显；

2. 常常需要穿着牛仔裤的人；

3. 骨盆歪斜导致的腿部粗细不匀；

4. 常进行骑自行车锻炼，却没有挑选到合适的运动内裤的人。

适合穿的时间：

1. 除了生理期时不能穿着 3 分型瘦腿裤外，其余时间都可以穿，3 分型瘦腿裤可以搭配束腹一起穿，当然束腹连着短裤的连身款更能塑身；

2. 当夜晚仰面而睡时，臀部需要支撑整个身体的重量，很容易变形，穿它可以维持大腿和臀部漂亮的线条，当然睡觉时穿着的瘦腿裤一定要选择轻薄面料、没有支撑骨、不压迫腹部的款式；

3. 做完腿部吸脂手术后，吸脂手术部位的皮肤会有一点松弛和吸走脂肪后出现的局部塌陷，穿瘦腿裤可以消除这些问题，对塑造体形也很有帮助。

正确穿上 3 分型瘦腿裤：

许多 3 分型的瘦腿裤采用裆部加棉设计，为的是让减肥者不用再穿内裤，但是氨纶和尼龙面料不利于排湿，不能久穿；

发热发汗的材质被运用到很多瘦腿裤的布料中，这种类型的短裤不能当内裤穿，只能穿 1~2 小时短暂起到发汗排毒的作用；

腹部赘肉比较多的人，不能一下就适应紧缩的收腹裤口，但是为了瘦腿又不能挑选码数过大的裤形，因此选瘦腿裤应该以大腿腿围为参考标准，可以挑选自由前扣、魔鬼粘扣等能自由调节裤头宽松度的款式。

减肥雪泡　让肥胖像泡泡一样破掉

减肥雪泡号称涂抹在肥胖的地方能噼里啪啦作响，每一个气泡的爆炸都能紧实皮肤，将减肥精华成分深层导入！减肥雪泡以好玩有趣风行全国，是不是浮云，我们搬来了好奇的梯子站高了看看。

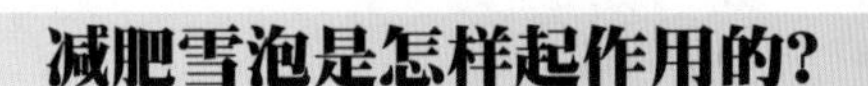

减肥雪泡是怎样起作用的?

雪泡其实就是慕斯，它借助容器内的发泡装置，使减肥成分以泡沫为载体覆盖在皮肤上。接触空气时，雪泡内的活性成分就会分解，从吸收机制来说，雪泡并不比水、乳、膏等形态更容易让减肥成分被吸收，而是以清爽的质感、方便易冲洗、少量使用就能覆盖更多的肌肤等特点取胜，这可能是雪泡在夏天更受欢迎的原因。

雪泡是夏天最受欢迎的减肥产品，它具有这些优点

大多数产品不需要用水来冲洗就能保持清凉舒爽

雪泡本身油分就少，而且大多数的雪泡产品会考虑在夏天上市，保湿剂也会特意选择适合夏天的类型，所以舒爽度一般都非常好。

减肥雪泡强攻效果棒

减肥雪泡的工作原理，有的是利用由冷变热来刺激微循环，有的是利用持续清凉来消除水肿，这种在肌肤上的温度能持续 1~2 小时，一天之内不限次数使用，对水肿型的人来说，强攻效果是非常棒的。

能和其他瘦身产品搭配使用

减肥雪泡成分是比较简单的，多数只能到达浅层的皮下脂肪。如果是重度肥胖可以使用能到达深层的产品，难瘦的腰腹部和靠近肌肉的肥胖部可以用深层系产品，而比较容易修形的四肢可以用雪泡，这些都不会冲突。

注意，雪泡对这样的胖没有效果

无论是哪个品牌，雪泡的目标一致，那就是针对水肿、橘皮和松弛。雪泡虽然强大，也有力不能及的地方，比如：

天生或因锻炼过度导致的肌肉型肥胖；

已形成皮肤折叠的肥胖区（例如腹部已经因肥胖产生了折痕等）；

由于内脏脂肪厚形成的全身肥胖，常见的是梨形身材的人；

有皮肤过敏的肥胖者，雪泡有可能会让她敏感；

和身体高频率使用的肌肉临近的肥胖区（例如包含肱二头肌的上臂、大腿前侧肌的膝盖以上部分等）。

减肥雪泡和其他减肥外用产品之比较

减肥外用产品	吸收速度	见效时间	不良作用
减肥雪泡	吸收速度快，而且渗透程度不是很深，不会影响到人体的内分泌	效果几乎是立竿见影的，但是也有瓶颈期，减肥不容易取得突破性进展	除了皮肤过敏的人可能会引发不适之外，几乎没有副作用
外用贴片	缓效释放型的产品，吸收速度慢	需要配合一个完整的使用周期，但容易获得比较巩固的效果	有可能会影响人体的内分泌，常贴的部位可能会皮肤过敏
减肥绷带	吸收速度很快	快速，但是效果的维持也很短暂，需要配合运动和饮食才能巩固。	末端循环不良的人本身就不适合缠绕型的减肥工具
减肥霜膏（常温型）	吸收速度视成分各异而不同，一般而言都有产品所示的一个鉴证期	效果是循序渐进的，适合长期使用，比减肥雪泡更适合纳入比较长远的减肥计划里	每日使用时需注意血铅是否超标，以及重金属沉淀对健康的威胁
减肥霜膏（发热型）	快速有效，而且不需要按摩就可以强迫吸收	效果是立竿见影的，尤其是针对水肿型肥胖的人	冷热温变会带来皮肤不适和外观的改变，不适合用在裸露的肌肤上，被衣服覆盖的区域会比较安全

雪泡的多种用法

Way 1 和发汗运动配合使用

最推荐的用法是运动前将雪泡涂在身上，因为大多数雪泡中的减肥成分是通过毛孔渗入的，能舒张毛孔，排出身体水分。如果和能出汗的运动搭配，紧致线条的效果将会加倍。即使是静力型的瑜伽运动，也可以搭配雪泡一同瘦身。

Way 2 出门前使用，便于每日维持身材

身材足够苗条的人担心复胖，用高效净化显然投入有点过高了。由于雪泡兼具护肤效果，不少还含有防晒成分，使用方法也非常简单，每天出门前使用，走路、散步、爬楼梯……可以增强你的运动效果，消耗身体上的游离脂肪，低成本来保持身材。

Way 3 消除肌肉疲劳

累也是肥胖的原罪，久站或者穿了不舒适的高跟鞋，会渐渐令肌肉失去弹性，僵硬的肌肉周围血液循环就会减慢，出现浮肿和脂肪的堆积。可以说，哪里最累，肥胖就会首先出现在哪里。回家脱掉高跟鞋，先触摸一下身体，感觉哪里最累就用雪泡敷涂，按摩 2 分钟，马上消除肥胖隐患。

pleasant

减肥喷剂　淑女最热捧的减肥喷剂

当你在甜品单上看到新上市的甜品时，什么原因能让你果断不买就走？是衣柜里那件穿不下的衣服，还是为了躲开男友的埋怨？当然还有一条更轻松的理由——包包里的减肥喷剂。

为什么闻一闻喷剂就能控制肥胖

在人的大脑中，每当看到能引起食欲的图片时，人脑中活跃的区域正好是纹状体（和奖励相关的大脑区域），这些区域的活动会增强。当食欲大增时，将富含天然成分和具有芳香气味的减肥喷剂喷在口腔中，能迅速通过神经传导，到达丘脑下部分泌分子，从而抑制食欲。

为什么减肥喷剂的作用比满腹食物等垫饥食物更直接

体态匀称的人均需要瘦素来控制脂肪的摄入，人体缺少瘦素，就会不自控地摄取高脂肪和高热量的食物来满足。吃了寡淡的食物，对食欲可能无法控制，甚至导致瘦素更缺少，想吃的欲望就变得更具强迫性，更不顾一切。减肥喷剂能直达大脑的快感中枢，效果是立竿见影的。

减肥喷剂最优选

成分来自天然植物，无毒副作用，对准口腔喷入一剂，可以控制食欲过旺、过量饮食以及抑制空腹感。

CRAVE-NX 七天减肥辅助喷剂

没有麻黄素和兴奋剂，每次在舌下喷两次就能控制饮食，缓解疲劳感觉的进食欲望。

King Bio 控制食欲减肥喷剂

美国药房上市的减肥辅助喷剂，香橙口味，无毒副作用，能控制减肥者对甜食及碳水化合物的渴望，每日可至少消耗 250 卡的热量。

Liddell Vital 纯天然减重喷剂

Romance

淀粉阻断剂，先阻断淀粉，再阻止肥胖

淀粉食物是中国人的主食，但过量食用也是造成腰腹等下半身肥胖的主因。阻止淀粉转换成葡萄糖，再防止糖分转变成脂肪，未雨绸缪的减肥者要从吃淀粉开始就使用淀粉阻断剂。

淀粉阻断剂，到底靠什么阻断淀粉？

淀粉阻断剂一般由白芸豆提取物（phase 2）及酵母、氨基酸等其他有助于减肥的成分组成，主要成分是 phase 2。

phase 2 是一种萃取自白芸豆的天然淀粉阻断剂，我们对它或许有点陌生，但在欧美国家，它是人们控制脂肪的主流食品成分。在美国，phase 2 是糖尿病患者辅食的主要成分，而在肥胖症泛滥的意大利，phase 2 甚至可以加入意粉和通心粉中。

phase 2 的阻断原理：当人们进食（碳水化合物和高淀粉食物）时，phase 2 会与肠道中的淀粉酶结合，抑制其活性，从而使摄入的淀粉无法转化为葡萄糖，而是以完整的分子形态通过消化系统排出体外。与普通减肥药对中枢神经食欲的控制等方法相比，phase 2 不抑制人的正常食欲，也不会影响排泄，只在转化过程中“做了手脚”，让淀粉不能成功变为脂肪。

phase2 的优点

■能阻断米、面、杂粮等淀粉类食物中淀粉的分解，阻断绝大部分热量的摄取；

■不作用于人体器官，没有失眠、乏力、腹泻等减肥产品常有的副作用；

■能降低血糖和血脂，减少血液中甘油三酯（人体内含量最多的脂类）的含量。

附：适用淀粉阻断剂的淀粉类食物

大米、玉米、小麦、土豆、山药、薯类、饼干、豌豆、红豆、香蕉、苹果、枣、桃、李子、榴莲、桂圆等。其中高淀粉食物有芋头、红薯、土豆、粉丝，以及经过高温油炸的小麦食物。

淀粉阻断剂正方、反方观点擂台

正方观点：力挺

在欧美，phase 2 是唯一可以在包装上明示“可以减少膳食纤维中淀粉的消化和吸收”的成分，因此其安全性毋庸置疑。而繁忙的都市人群，晚餐多以高淀粉食物为主，夜间再无活动，以致身体过度醣化，因此造成肥胖隐疾。若能严格控制淀粉的摄取，就能阻断人体最大的脂肪来源。

反方观点：质疑

淀粉阻断剂只能让人不再“继续发胖”，而不能“消除已经存在的肥胖”，并且对淀粉摄入量已经很少的减肥者无作用，甚至还服下了不必要的其他成分，增加了肾脏负担（一些淀粉阻断剂为了增强减肥效果，会添加左旋肉碱）。判断自己是否适合使用淀粉阻断剂，一定要确认自己是否为日常食谱中高淀粉食物居多、下半身略肥胖、家族中有糖尿病病史的人（尤其是直系亲属）。如符合上述状况，那么可以考虑在减肥辅食中加入淀粉阻断剂。

Part 3 实用减肥操

达到立竿见影的减肥效果

简单提拉造就纤细手臂

1

双腿交叉盘坐，挺直腰部，双手向斜上方 75 度合十，尽量让双手向外延伸，拉伸两侧的肌肉，保持动作 30 秒。

2

在手臂上使用按摩霜，然后进行轻捏按摩，让手臂得到放松。

3
向左右方向平行抬起双手，手掌立起且掌心朝外，然后逆时针旋转手臂。
4
左右手各握着300ml的矿泉水瓶，然后慢慢抬起再放下，重复该动作30~35次。

Feminty Hedonism

轻巧瑜伽赶走“虎背熊腰”

1

右腿向前伸直，左脚放在右大腿上，左臂向前伸直，右手揽住左侧腰部，保持该动作 30 秒。

2

呈猫爬状跪在垫子上，双膝并拢，头颈后仰，臀部上翘，背部跟随呼吸慢慢向上弓，尝试用下颚触碰胸部。

3

双脚打开与肩同宽，向下弯腰并用右手触地，左手揽住右侧腰部，保持 10 秒后，换另一侧重复该动作。

4

屈膝跪地，双手相握向背部伸直，身体下压尽量与腿部靠近，呼吸自然，使整个背部的肌肉得到伸展。

锻炼肌肉让小腹平平

1

身体平直地躺在瑜伽垫或地毯上，双手和上半身不动，双腿一直保持并拢，然后将腿向上慢慢抬起，与地面约呈 45 度，保持 30 秒。

2

调整呼吸，慢慢把脚抬起至 90 度。

3

接着再将左腿向上抬起 30 度，上半身仍然保持不动，紧绷小腹肌肉坚持 30 秒，同时注意调整呼吸。

4

继续保持左脚上抬的姿势，膝盖伸直，身体下压尽量与左腿靠近，自然呼吸，使整个背部的肌肉得到伸展。

练就小蛮腰的轻松瑜伽

1

左腿屈膝，右腿伸直并向上抬起，保持脚背绷直，左右腿交替抬起 20~25 次。

2

向右侧卧，手肘弯曲向前贴地撑起身体，慢慢抬起左腿，重复 10 次后，换左侧练习。

3

盘腿坐直，双手向上高举，掌心相合并向上伸展身体，保持该动作 30 秒。

4

保持身体直立，双手叉腰，并将一侧的腿抬起约 45 度，保持 30 秒后，换另一侧腿练习。

打造纤细大腿的耐力训练

抬起双腿，伸展膝盖，交叉的脚朝天花板抬起并尽量伸展双膝，以收缩大腿肌肉。以 15~20 次为 1 组，共做 1~3 组。

双手撑住地面，一侧腿弯曲，另一侧腿努力抬起并绷直，保持 30 秒后换另一侧腿抬起，交替进行 15 组。

将枕头夹在双膝间，用力挤压数 10 次。

4

身体站立，用一只手向后提起同一侧脚的脚踝，保持15秒后换另一侧练习。

让小腿更加紧实的按摩法

1

用两手一边捏小腿腿肚的肌肉，一边从中间向上下按摩，不断变化按捏的肌肉位置，重复5次。

2

如同拧抹布一样左右拧小腿腿肚的肌肉，从脚踝到膝盖不断改变拧的位置，重复5次。

3

两手握住小腿，大拇指按住小腿前面的腿骨，从下往上按摩，重复3次。除了拇指，其他手指也要相应加大力度按摩肌肉。

4

双腿伸直，平坐在瑜伽垫上，用手抓住左腿的小腿部位并向上抬起，将头部尽量贴近腿部，左右循环各10次为1组，共进行2~3组。

MADE IN CHINA
Oleayang

提升臀部曲线的瑜伽

放松身体，屈膝平躺在地毯上，用手托住臀部，慢慢向上抬起，动作保持1分钟。

侧躺在地毯上，曲手撑起上半身，将左腿慢慢向上抬起至75度，重复5次。

双手手掌与右腿膝盖支撑全身，上半身要向上挺，不要低头含胸；左腿抬至左上方最高处，在感觉到臀部左侧酸痛之后再保持10秒，再缓缓放下转至另一边。左右各重复10次。

左腿屈膝，右手伸直触地，右腿向后跨步延伸，同时左手向后延伸，保持30秒后，换另一侧进行。重复该动作5次。

放松身体，做个全身提拉

1

盘腿坐在地毯上，挺直腰背，一只手撑住地面，另一只手抬起向相反方向弯曲，保持 20 秒之后，换另一侧重复进行 5 次。

2

平躺在地毯上，尽量使腰部及背部紧贴地板，调整呼吸，抬起双腿使小腿与地板平行，然后慢慢恢复到平躺的姿势。重复此动作 5~10 次。

3

挺直站立，双手叉腰，右腿膝盖微微弯曲，并抬起右腿搭在左腿的小腿上，调整呼吸，保持 30 秒，再换另一侧腿进行。

4

盘腿坐在地毯上，一只手向后延伸，同时身体同方向扭转，另一只手则抱住腰部，保持这一姿势 30 秒后，再向另一侧扭转。重复进行 5 次。

这一趟美丽的旅程结束了，但是每个女生追求美的脚步却永远不会停歇。让我们以梦为马，去追寻每一个美丽的梦想，在变美丽的路上永不止步。